VERSTÄNDLICHE WISSENSCHAFT

DREIUNDDREISSIGSTER BAND

DIE STAATEN DER AMEISEN

VON

WILHELM GOETSCH

SPRINGER-VERLAG

BERLIN · GÖTTINGEN · HEIDELBERG

1953

DIE STAATEN DER AMEISEN

VON

DR. WILHELM GOETSCH

HONORARPROFESSOR AN DER UNIVERSITÄT GRAZ
EM. DIREKTOR DES ZOOLOGISCHEN INSTITUTS UND MUSEUMS
DER UNIVERSITÄT BRESLAU

ZWEITE, ERGÄNZTE AUFLAGE
6. — 11. TAUSEND

MIT 85 ABBILDUNGEN

SPRINGER-VERLAG

BERLIN · GÖTTINGEN · HEIDELBERG

1953

Herausgeber der Naturwissenschaftlichen Reihe:
Prof. Dr. Karl v. Frisch, München

ISBN-13: 978-3-642-86368-4   e-ISBN-13: 978-3-642-86367-7
DOI: 10.1007/ 978-3-642-86367-7

Brühlsche Universitätsdruckerei Gießen

Inhaltsverzeichnis

Vorwort zur ersten Auflage

Wohl jeder hat schon einmal etwas mit Ameisen zu tun gehabt. Vielleicht deckte er bei der Landarbeit mit einem Spatenstich ein Gewimmel dieser Tiere auf oder sah im Garten Baum oder Strauch mit herauf- und herablaufenden Emsen bedeckt. Vielleicht fand er auch plötzlich seine Lebensmittel überfallen von diesen lästigen Insekten, oder aber er stand bei einem Gang durch Wald und Feld vor einem Ameisenhaufen, nur schwer der Versuchung widerstehend, mit einem Stock hineinzufahren. Und alle solche Begegnungen regten vielleicht zum Nachdenken an, wie diese kleinen Tiere zusammenhalten und zusammenarbeiten mögen. Daß auch schon in früheren Zeiten die Ameisengemeinschaft Beachtung und Bewunderung fand, zeigen die Erzählungen von Herodot, der u. a. einmal berichtet, daß Ameisen Goldkörner schleppen, und zeigen weiterhin die immer wieder angeführten Sätze aus den Sprüchen Salomos: „Gehe hin zur Ameise, du Fauler, siehe ihre Weise und lerne; ob sie wohl keinen Fürsten, noch Hauptmann, noch Herrn hat, bereitet sie doch ihr Brot im Sommer und sammelt ihre Speise in der Ernte."

Wenn man sich mit den Ameisen näher zu beschäftigen hat, dann wird man solcher stets ins Moralische oder Wunderbare hereinspielenden Darstellungen bald etwas überdrüssig, und es mußte schließlich den Widerspruch gerade ernster Gesinnter erregen, daß die Ameisen stets gleichsam als kleine Menschen betrachtet wurden. Unter diesem Widerspruch wurde dann auch manches bestritten, das sich später wieder als richtig herausstellte. So beispielsweise die körnersammelnden Ameisen Salomos und die goldschleppenden Tiere Herodots. Gerade diese einander oft ganz entgegengesetzten Meinungen veranlaßten mich dann zuzusehen, was an den Berichten wahr und was falsch sei, und ich begann mich zunächst nur als Ferienarbeit mit den Ameisen zu beschäftigen. Auf vielerlei Reisen auch in ferne Kontinente lernte ich dann die Vielseitigkeit der Ameisen und ihrer Staaten kennen, und fand immer wieder Entzücken und Genuß darin, zu untersuchen, wie ihr Gemeinschaftsleben zustande kommt und was ihrem Zusammenarbeiten zugrunde liegt. Daß ich an diesen Arbeiten über die Ameisen jetzt durch dies Büchlein auch weitere Kreise teilnehmen lassen kann, ist mir eine ganz besondere Freude.

Ehe ich beginne, möchte ich noch allen Führern und Förderern der Ameisenkunde, die meine Lehrer und Berater, sowie allen Freunden und Kameraden, die meine Mitarbeiter und Schüler waren, meinen Dank abstatten. Ihre vielseitigen Forschungsergebnisse werden hier — ohne das Verdienst des Einzelnen besonders hervorzuheben — nebeneinander Verwendung finden. Wohlgemerkt nur in kleiner Auswahl! Denn auch nur annähernd erschöpfend zu berichten, dazu sind die Ameisen und ihre Staaten viel zu mannigfaltig. —

Breslau und Buenos Aires 1937.

W. Goetsch

Vorwort zur zweiten Auflage

Die zweite Auflage entspricht im wesentlichen der ersten. Es wurden lediglich einige Kapitel umgearbeitet, zu denen neue, wichtige Erkenntnisse vorliegen.

Barcelona und Krumpendorf, Sommer 1952.

W. Goetsch

„Im Ameis' Haufen wimmelt es."

Mit diesen Worten hat unser *Wilhelm Busch* in aller Kürze einen schlichten, von allem Lehrhaften und jeder Romantik freien Tatsachenbericht geliefert, und mit ihm können wir unsere Betrachtungen über den Ameisenstaat sofort beginnen. Wir wollen zusehen, *was* da im Haufen alles wimmelt, und wollen zunächst die

Körperform der Ameisen

betrachten, welche die Hauptmasse der Staatsbürger darstellen. Zu diesem Zweck fangen wie aus einem der bekannten hochgewölbten Haufen unserer Waldameise oder aus einem Nest der kleinen schwarzen Gartenameise einige Tiere heraus und betrachten sie näher (Abb. 1). Wir können in solchem Fall zunächst feststellen, daß alle aus ein und demselben Staate entnommenen Ameisen fast ganz gleich aussehen; nur die Größe ist vielleicht verschieden. Die Nestgenossen des einen Staates sind aber von denen eines anderen oft etwas verschieden, in Färbung sowohl wie in Form. Wir lernen daraus schon, daß man nicht von *der* Ameise reden darf; denn der Reichtum an Arten, die oft *sehr* voneinander abweichen, ist gerade bei den Ameisen sehr groß, und jede Art zerfällt dann noch in eine Zahl von Unterarten und Rassen, von denen man jetzt etwa 6000 kennt. Es gibt, um nur das eine Merkmal herauszugreifen, Formen von 50 mm Länge, und andere wieder, die nur 1 mm erreichen.

Bei den aus einem Nest herausgenommenen Tieren können wir, soweit es sich nicht um eine ganz kleine Form handelt, schon mit bloßem Auge einen deutlich dreigeteilten Körper erkennen: vorn einen *Kopf*, der durch einen dünnen Hals von dem *Brustabschnitt* getrennt ist, und schließlich einen *Hinterleib*, der sich wiederum durch eine „Taille" mit dem vorhergehenden Teil verbindet (vgl. Abb. 1). Es ist dies eine Körpereinteilung, wie sie bei allen Kerbtieren oder Insekten vorkommt; auch die Schmetterlinge, Käfer, Libellen, Fliegen und alle anderen dazugehörigen Tiere lassen in mehr oder weniger abgeänderter Form diese Einteilung erkennen, die sich als sehr praktisch und sinngemäß erwiesen hat: über drei Viertel aller Tierarten, die wir kennen, sind Insekten, die alle Lebensräume des Festlandes erobert haben und fast allen Organismen sich überlegen erwiesen. Nur den Wirbeltieren,

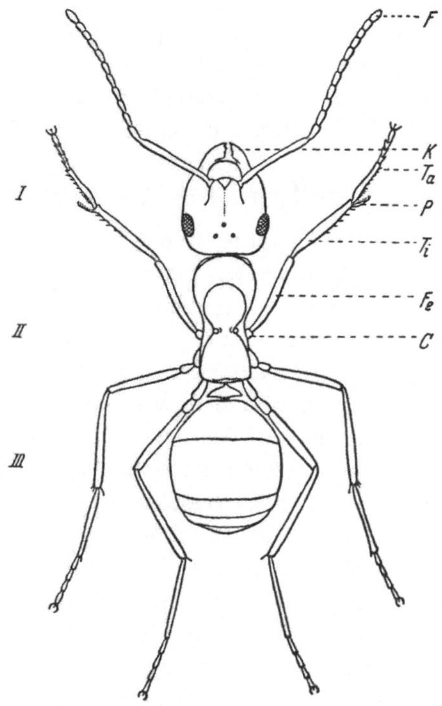

Abb. 1. Waldameise (Formica) von oben. I. Kopf mit Fühlern *(F)*, die aus einheitlichem Schaft und gegliederter Geißel bestehen; mit Oberkiefer *(K)*, 2 großen zusammengesetzten Augen an den Seiten und 3 einfachen Augen auf der Stirn (die nicht bei allen Ameisen vorkommen). II. Brust mit 3 Paar Beinen, die aus Hüftglied *(C)*, Schenkelring, Oberschenkel *(Fe)* und Unterschenkel *(Ti)* sowie den Fußgliedern *(Ta)* bestehen; *P* = Putzapparat. III. Hinterleib, durch eingliedriges Stielchen mit der Brust verbunden.

zu denen ja bekanntlich auch der Mensch gehört, stehen sie nach, und zwar hauptsächlich in der *Größe*. Es liegt dies daran, daß die Insekten, und damit auch die Ameisen, nicht, wie wir selbst, ein inneres Skelett besitzen, sondern einen das Wachstum einschränkenden äußeren Panzer. Darum sind sie auch so hart anzufühlen. Dieser Panzer besteht auch nicht wie unser Skelett aus Knochen, sondern aus einem leichten, aber doch sehr festen Stoff, dem Chitin. Dieser Stoff wird von der Außenhaut abgeschieden; und damit dabei doch eine Beweglichkeit bestehen bleibt, hat dies Hautskelett eines Insektes *Gelenke*. Wir finden sie bei unseren Ameisen bis in die feinsten Glieder hinab; und wir finden sie besonders zwischen den Hauptteilen des Körpers, zwischen Kopf, Brust und Hinterleib, die, wie wir uns nun im einzelnen überzeugen wollen, ganz besondere Aufgabengruppen zu leisten haben (Abb. 1).

Der Kopf ist Träger der Sinnesorgane sowie der höheren „geistigen" Fähigkeiten; daß wir uns so ausdrücken können, werden wir noch oft zu betonen haben. Äußerlich fallen uns zunächst die Fühler auf (Abb. 1); sie sind lang und sehr beweglich und bestehen aus einem einheitlichen Schaft und einer Geißel, die ihrerseits wieder in 9 bis 13 Glieder aufgeteilt wird. Gewöhnlich werden die Endglieder der Geißel etwas dicker; es muß Platz geschaffen werden für dort besonders reich vertretene Organe zur Aufnahme von Tast- und Geruchsreizen. Bei unserer Waldameise hat man bespielsweise auf einem Fühler 211 solcher Riechkegel und 1730 Tastborsten gezählt. Dies sind noch wenig; andere Emsen, die nicht wie die Waldameise gute Augen besitzen, haben viel mehr, wie beispielsweise eine blinde südamerikanische Treiberameise (Eciton mars).

Da die Fühler, wie wir uns bei gefangenen Tieren besonders gut überzeugen können, stets in Bewegung sind, vermag eine Ameise etwas zu tun, das uns völlig fremd ist: sie kann die Gegenstände von allen Seiten betasten und gleichzeitig abriechen! Sie wird also gleichsam eine Vorstellung von runden, viereckigen, harten und weichen Gerüchen bekommen, so wie wir eine Raumvorstellung durch das gleichzeitige Betrachten und Betasten von Gegenständen gewinnen.

Neben diesem Universalinstrument der Fühler treten die anderen Sinnesorgane stark zurück. Wohl finden wir am Kopf oft sehr große Augen, welche die bei allen Insekten gebräuchliche Form aufweisen: sie sind zusammengesetzt aus vielen kleinen

Einzelaugen (Facetten), von denen jedoch nicht jedes einzelne ein besonderes Bild, sondern nur einen Bildpunkt liefert. Will man sich eine Vorstellung machen, wie dies geschieht, so betrachte man mit einer Lupe die Wiedergabe einer Photographie in einer Zeitung; dann löst sich das einheitliche Bild ebenfalls in viele Punkte auf. Auch das Fernsehen beruht ja bekanntlich in der Aufeinanderfolge einzelner Bildpunkte. Solche zusammengesetzte Augen sind jedoch nicht bei allen Ameisen zu finden; es gibt völlig blinde Formen, die sich trotzdem sehr gut zurechtfinden,

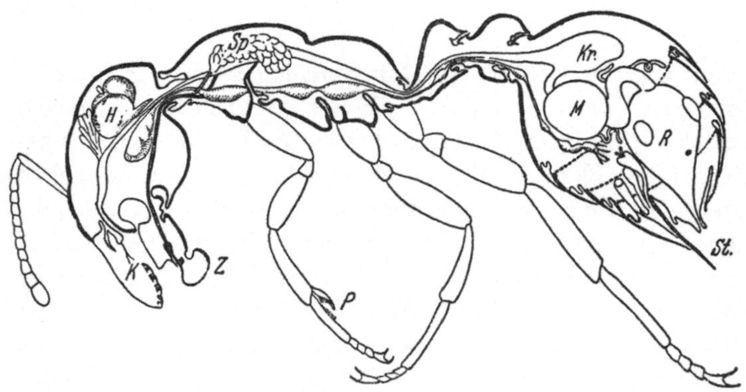

Abb. 2. Knotenameise (Myrmica), von der Seite. $K =$ Oberkiefer, $Z =$ Unterkiefer mit Zunge, $H =$ Gehirn, $Sp =$ Speicheldrüse, $Kr =$ Kropf, $M =$ Magen, $R =$ Enddarm mit anliegenden Drüsen, $St =$ Stachel, $P =$ Putzapparat am ersten Bein. Der Hinterleib ist bei den Knotenameisen durch ein zweigliedriges Stielchen mit der Brust verbunden.

und zwischen den gut sehenden Arten zu den blinden alle Übergänge. Neben den großen seitlichen, übrigens ganz unbeweglichen Augen haben manche Arten noch kleine, nicht zusammengesetzte Punktaugen; diese in der Dreizahl vorhandenen Lichtaufnahmeorgane werden wegen ihrer Lage auch Stirnaugen genannt (Abb. 1).

Alle Sinnesorgane stehen durch Nervenstränge mit dem Hirn in Verbindung, an dem uns hier die sogenannten pilzförmigen Organe interessieren. Sie sind es, in denen die höheren geistigen Fähigkeiten der Ameisen ihre Grundlage haben, die sie zu den vielseitigen Leistungen im Staate brauchbar machen (Abb. 3).

Von den äußeren Teilen des Kopfes sind noch wichtig die Kauwerkzeuge, und unter ihnen besonders die Oberkiefer (Mandibeln). Diese sind in anderer Weise als die Fühler ein Universalinstrument: Sie dienen nicht zur Aufnahme verschiedener Sinneseindrücke, sondern als vielseitiges *Arbeitswerkzeug*. Meist sind sie schaufelförmig mit spitzen, zähnchenartigen Auswüchsen am freien Rand, der deshalb auch ganz unzutreffend als „Kaurand" bezeichnet

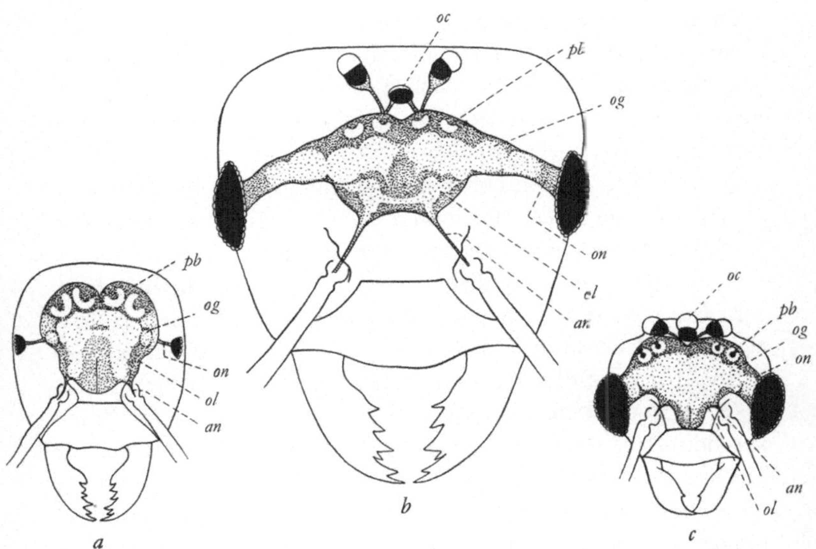

Abb. 3. Köpfe einer Arbeiterin *(a)*, eines Weibchens *(b)* und eines Männchens *(c)* einer Gartenameise (Lasius). *oc* = Stirnaugen, *pb* = pilzförmige Organe, die dem Großhirn der Wirbeltiere entsprechen; *og* = Sehzentrum, *on* = Augennerv, *ol* = Riechzentrum, *an* = Fühlernerv. (Nach *Wheeler*.)

wird. Denn die Zähnchen, die an der äußeren Spitze oft besonders lang sind, dienen nicht dem Zerkleinern von Nahrung, sondern erleichtern das Packen von Baumaterial, das Graben und Mauern, sowie das Ergreifen und Zerreißen von Beute und Feind und vieles andere mehr. Ihrer Leistung nach sind sie demnach nicht unserem Mund, sondern den Händen vergleichbar. Die Mittel- oder Unterkiefer tragen Geschmacksorgane und haben besondere Anhänge, die oft fühlerartig aussehen. Außerdem finden wir dort einen Borstenkamm, mit dem die Ameise ihre langen Fühler reinigt: sie zieht sie durch den Mund, wenn sie beschmutzt sind, und kämmt so alles ab, was nicht dorthin gehört. Besonders geschieht dies auch, wenn eine Ameise in fremde Umgebung kommt; dann putzt sie oft lange umständlich an den Fühlern herum, wie ein alter Gelehrter, der zu Beginn der Arbeit erst seine Brille säubert.

Bei den Unterkiefern dienen die Ränder wirklich zum Kauen, jedoch in ganz anderer Weise als bei uns. Während wir von oben nach unten beißen und die Nahrung durch seitliche Bewegung zermalmen, bewegen sich hier die Mundteile von links nach rechts gegeneinander. Da die Kauflächen sehr dünn und fein sind, können die Ameisen meist lediglich weiche oder sogar nur flüssige Nahrung zu sich nehmen.

An der sich jetzt anschließenden Unterlippe ist besonders die sogenannte Zunge erwähnenswert (Abb. 2). Ihre bei den Emsen mächtige Entfaltung entspricht der großen Rolle, die sie im Ameisenleben spielt: sie dient nicht nur der Nahrungsaufnahme, sondern auch der Reinigung. In der Ruhe leckt eine Ameise eigentlich dauernd an etwas herum: an ihren Genossen oder an den Eiern, an den Larven und an den Puppen. — Endlich gibt es im Kopf noch Speicheldrüsen, die sich teilweise bis in den Brustabschnitt hineinziehen (Abb. 2). Die abgegebenen Stoffe dieser Drüsen treten beim Kauen oft als große Tropfen aus; und auf diese Weise wird schon vor dem Mund Nahrung aufgelöst oder umgewandelt, wie beispielsweise Stärkekörner in Zucker, ein Vorgang, den bei uns der Speichel erst im Mund zu verrichten hat. Neben der lösenden Wirkung kommt den Drüsen dann noch eine Nährwirkung zu, die besonders bei der Brutpflege eine Rolle spielt.

Aus dem Mund kommt das aufgenommene Futter in die Speiseröhre, die den gesamten Brustabschnitt durchzieht. Irgendeine Veränderung oder Verdauung der Nahrung findet dort nicht statt; denn dieser Brustabschnitt hat Aufgaben ganz anderer Art zu leisten, als zu verdauen.

Der Brustabschnitt ist nämlich völlig in den Dienst der Fortbewegung gestellt. Als Organe hierfür dienen die drei Beinpaare (Abb. 1), die mit einem Hüftglied (Coxa) an den Brustringen ansitzen und mit dem Schenkelring (Trochanter) zum Oberschenkel (Femur) und Unterschenkel (Tibia) überleiten. Die Endglieder werden dann von den Zehen (Tarsen) gebildet, deren allerletztes Glied ein Krällchenpaar trägt. Am ersten Beinpaar sitzt überdies ein Reinigungsorgan in Gestalt zweier gegenüberstehender Kämmchen, das bei dem schon erwähnten Putzen der Sinnesorgane eine besondere Rolle spielt: Die Fühler werden nämlich nicht nur durch den Mund, sondern auch zwischen den beiden Kämmen durchgezogen und der Schmutz dabei abgestreift (vgl. Abb. 1 u. 2).

Neben den Beinen können als zweite Art von Bewegungsorganen die Flügel sitzen. Bei den Tieren, die wir uns von einem Ameisenhaufen hinwegfangen, *fehlen* sie indessen; und was die geflügelten Ameisen zu bedeuten haben, wollen wir erst im nächsten Abschnitt behandeln.

Der letzte Abschnitt des Ameisenkörpers endlich ist der Hinterleib, in der Hauptsache die Stätte der Verdauung. Da haben wir zunächst den Kropf, in dem die aus der Speiseröhre kommende Nahrung aufgenommen wird (Abb. 2). Dieser im Hinterleib liegende Kropf spielt für das staatliche Leben der Emsen eine große Rolle: er stellt eine sehr erweiterungsfähige Blase dar, in welche die Ameisen soviel wie möglich aufzunehmen bestrebt sind. Wenn man bei uns Menschen von jemand sagt, er stopft so viel in sich hinein, als mit aller Gewalt geht, so ist dies ein etwas absprechendes Urteil, das neben der Verfressenheit auch den Egoismus kennzeichnen soll. Bei den Ameisen ist's gerade das Gegenteil: denn das, was in den Kropf kommt, ist nicht für das Einzeltier, sondern für die Gesamtheit bestimmt. Aus diesem „sozialen Magen", wie der Kropf auch genannt ist, wird die Nahrung wieder ausgebrochen und verteilt, wie man auch durch nette Versuche zeigen kann: versetzt man Honig oder Zuckerwasser mit einer unschädlichen blauen oder roten Farbe, so schimmert das Aufgenommene durch das Hinterteil der Ameise hindurch. Hat nun ein Tier sich so den Leib gefärbt und ist heimgelaufen, so zeigen nach einiger Zeit auch viele Genossen farbige Bäuche, alle nämlich, die von dem ersten gefüttert worden sind.

Dieser soziale Magen ist gegen den eigentlichen individuellen Magen der Ameise durch einen festen Verschluß getrennt, und nur durch einen besonderen Apparat kann vom Kropf aus Flüssigkeit übergepumpt werden. Erst dies Hinübergepumpte vermag die Ameise dann für sich zu verdauen.

Wenn der Kropf sehr vollgefüllt ist, kann man den Hinterleib auch von außen gut untersuchen. Wir sehen dann, daß er aus einer Anzahl von Ringen zusammengesetzt ist, die ihrerseits wieder in Rücken und Bauchplatten zerfallen. Die Füllung des Kropfes treibt diese Platten oft weit auseinander, da die dazwischenliegenden Häutchen sehr ausdehnungsfähig sind. Bei geringer Füllung des Hinterleibes überdecken sich die Platten gegenseitig und sind dann weniger gut erkennbar.

Das, was wir bisher als Hinterleib bezeichnet hatten, ist aber nur ein Teil, wenn auch der wichtigste. Zu ihm zu rechnen ist noch das sogenannte *Stielchen*, welches ein- oder zweigliedrig ist, je nachdem wir es mit der Gruppe der Formicinen (Abb. 1) oder Myrmicinen (Abb. 2) zu tun haben. Mit diesem Stielchen sitzt der Hinterleib sehr beweglich am Brustabschnitt an. Neben den Verdauungsorganen haben wir im Hinterleib weiterhin einen Giftapparat, der bei den einzelnen Ameisengruppen allerdings ganz verschieden gebaut ist: Die einen tragen wie die Bienen einen wirklichen Stachel und vermögen dann empfindlich zu stechen (Myrmicinen, Abb. 2). Da mit dem Stich ein Gift in die Wunde eingeführt wird, bei dem die sogenannte Ameisensäure nur eine geringe Rolle spielt, verspürt man noch längere Zeit danach ein empfindliches Brennen. Bei anderen Gruppen, besonders den Formicinen, zu denen unsere bekanntesten Formen gehören, ist ein Stachel nicht vorhanden, wohl aber eine Giftblase; diese Emsen *beißen* dann erst ein Wunde und spritzen nachträglich ihr Gift hinein. Sie vermögen aber auch mit erhobener Hinterleibsspitze Gifttropfen recht weit zu schleudern, wie sich jeder überzeugen kann: Man halte nur einmal über ein aufgeregtes Volk unserer Waldameise in einiger Entfernung die Hand oder ein Tuch und rieche daran! Man wird über die Stärke des Säuregeruches erstaunt sein!

Endlich ist der Hinterleib noch Träger der *Keimdrüsen*. Damit ist es indessen bei den Tieren, wie wir sie uns von einem Ameisennest herausholten, recht kümmerlich bestellt. Man muß oft schon ganz genau untersuchen, bis man einige Röhren entdeckt, welche dann als verkümmerte Eierstöcke erkannt werden können. Selten enthalten sie ablegbare Eier. Es handelt sich, wie wir im folgenden Abschnitt sehen werden, bei den bisher betrachteten Tieren stets um nicht voll ausgebildete Weibchen, gleichgültig, ob wir größere oder kleinere Tiere untersuchten.

„Bei den kleineren würde ich das verstehen; das sind junge Tiere; aber die größeren. . .", so wird vielleicht mancher denken. Aber dies ist ein Trugschluß; denn eine kleine Ameise ist keineswegs immer eine junge, und eine große braucht nicht alt zu sein.

Eier, Larven und Puppen

Aus den Eiern der Ameisen, die winzig klein sind und nicht den „Ameiseneiern" des Handels gleichzusetzen sind, entwickeln sich nämlich nie unmittelbar kleine junge Ameisen, sondern *Larven*, die etwa den Schmetterlingsraupen entsprechen. Nur fehlen ihnen die Beine; es sind sogenannte Maden, wie die Larven der Fliegen (Abb. 5). Diese Larven werden von den erwachsenen Tieren betreut und gehegt; sie bekommen flüssiges Futter aus dem Kropf oder auch feste Brocken vorgeworfen, an denen sie sich vollfressen. So wachsen sie heran, um sich nach einiger Zeit zu verpuppen. Vorher können sie bei manchen Formen mit Hilfe einiger Drüsen sich einspinnen, wie dies ja auch manche Schmetterlingsraupen tun, beispielsweise die, welche damit die echte Seide liefern. Die in solchen sogenannten Kokons oder Schutzhüllen ruhenden *Puppen* sind es dann, welche im Handel als „Ameiseneier" verkauft werden, um als Fisch- oder Vogelfutter zu dienen.

Nicht alle Puppen liegen übrigens in solchen Schutzhüllen; viele Ameisenarten bilden auch freie Puppen, an denen sich dann die Gestalt der künftigen Ameise schon deutlich erkennen läßt (Abb. 5 b). Nach einiger Zeit der Ruhe schlüpft schließlich die Ameise aus, und zwar in ihrer vollen Größe. Ein Wachstum findet danach nicht mehr statt; es ist abgeschlossen in der Zeit zwischen Ei und Puppe.

Woher kommen denn aber die Eier, welche doch nach dem Gesagten die Grundlage des wimmelnden Lebens eines Ameisenstaates bilden? Auf diese Frage gibt der folgende Abschnitt Auskunft.

Kasten und Stände

Die Eier, diese Grundlage des ganzen Staates, liefert im Ameisennest nur die sogenannte *Königin*; es ist dies die Stammutter des ganzen Nestes, fast immer das einzige, wirklich vollständig entwickelte Weibchen. Sie zeichnet sich bei manchen Arten durch eine ganz überragende Größe aus (Abb. 7); bei anderen Formen sind die Unterschiede gegenüber den übrigen Nestgenossen geringer (Abb. 4a). Stets aber sind an den drei Hauptteilen des Körpers Besonderheiten zu finden: So sehen wir am Kopf neben den beiden großen zusammengesetzten Sehorganen immer noch drei einfache Punktaugen; auch die Fühler sind oft besser mit Sinneszellen besetzt als sonst. Dagegen sind am Hirn *die* Teile

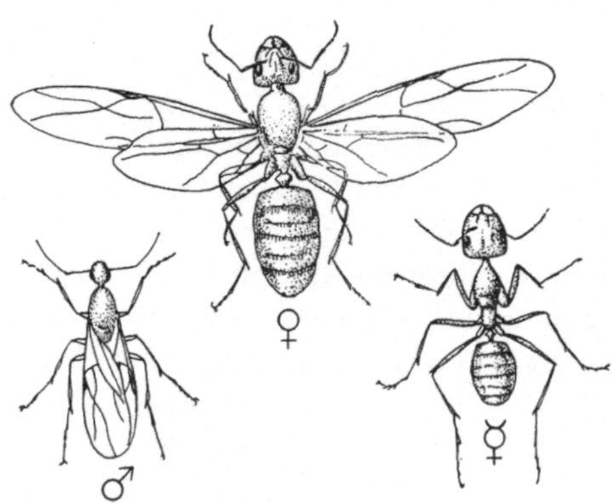

Abb. 4 a. Stände der Roßameise Camponotus herculaneus. (Nach Eidmann.) ♂ Männchen (lebt nur kurze Zeit und stirbt nach der Befruchtung). ♀ geflügeltes Weibchen (wirft nach der Befruchtung die Flügel ab und wird dann zur Königin des Staates, vgl. Abb. 4 b). ☿ Arbeiterin (große Form).

weniger gut ausgebildet, welche den höheren psychischen Leistungen dienen (Abb. 3).

Der Brustabschnitt ist bei der Königin stets hoch gewölbt, und man kann oft an ihm deutlich Reste von Flügelansätzen erkennen; denn die Königin war, wie wir gleich sehen werden, ursprünglich geflügelt (Abb. 4a u. 7b).

Der Hinterleib endlich kann ebenfalls recht groß werden. In ihm nehmen die Keimdrüsen den Hauptraum ein; sie sind oft so groß, daß die Platten der Hinterleibsringe ebenso auseinanderweichen wie bei starker Füllung des Kropfes. Die Leistungen der Keimdrüsen können demgemäß auch ganz außerordentlich sein: manche Ameisenköniginnen sind imstande, alle paar Minuten Eier abzulegen! Nur dadurch ist es der Königin möglich, die Stammmutter eines so riesigen Staates zu werden; denn alles das, was wir im Ameisenhaufen wimmeln sehen, sind Nachkommen einer einzigen oder doch einiger weniger Königinnen.

Diese Hauptmasse des Ameisenstaates, die Tiere also, welche wir uns vorhin genauer betrachtet haben, sind die sogenannten *Arbeiter*, die man besser *Arbeiterinnen* nennt.

Es sind nämlich auch Weibchen, aber im Vergleich zur Königin stark verkümmert; denn gerade das Wesentlichste der Weiblichkeit,

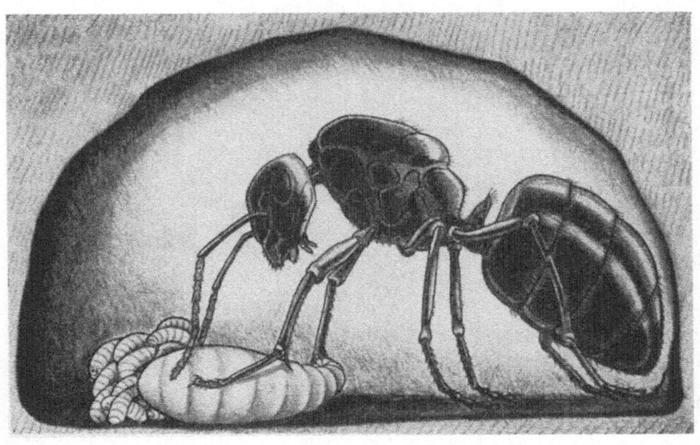

Abb. 4 b. Entflügelte Königin mit Brut (Eiern und jungen Larven). (Aus *Frisch*, Leben der Bienen, 2. Aufl. Berlin: Julius Springer 1931.)

die Erzeugung von Nachkommen, geht ihnen meist ab. Ihre Keimdrüsen sind nur ganz gering ausgebildet oder fehlen ganz. Dagegen sind die weiblichen Instinkte, wie Brut- und Pflegetrieb, völlig ausgebildet, so daß sie sich der Brut der Stammutter, d. h. eben den von der Königin hervorgebrachten Eiern, Larven und Puppen, mit ganzer Hingabe widmen. Und da hierzu eine ganze Anzahl besonderer Dinge zu erfüllen sind, wie beispielsweise das Herbeischaffen von Nahrung, der Bau der Behausung u. dgl. mehr, Tätigkeiten, welche die Tiere außerhalb des Nestes in „emsiger Arbeit" ausführen, haben diese verkümmerten Weibchen den Namen „Arbeiter" oder „Arbeiterinnen" erhalten. Lediglich in dem Namen und der Tätigkeit dieser Tiere finden sich die Vergleichspunkte zwischen den Staaten der Menschen und denen der Ameisen, und ebenso in der sich daraus oft ergebenden

Arbeitsteilung. Sobald wir aber auf andere oft nur im Namen
liegende Ähnlichkeiten näher eingehen, sind wir sofort wieder am
Ende. Vor allem ist in keinem menschlichen Staatswesen die
Arbeitseinteilung so durchgeführt, daß eine Königin allein für
die Erzeugung der Nachkommenschaft bestimmt ist, während die

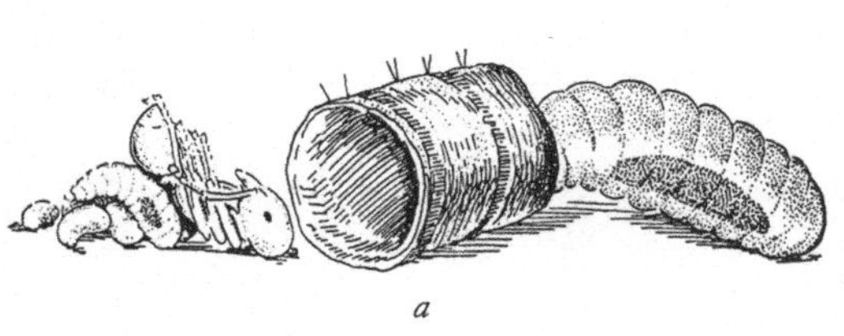

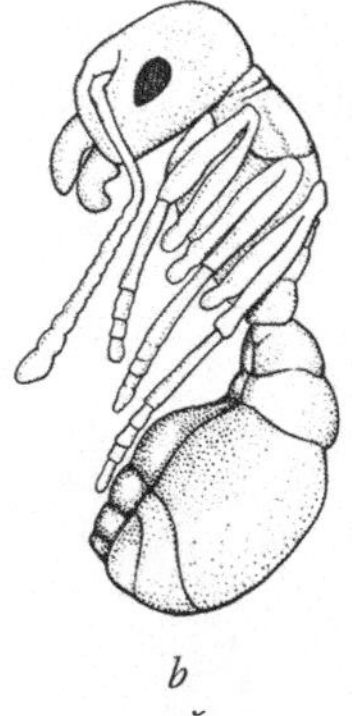

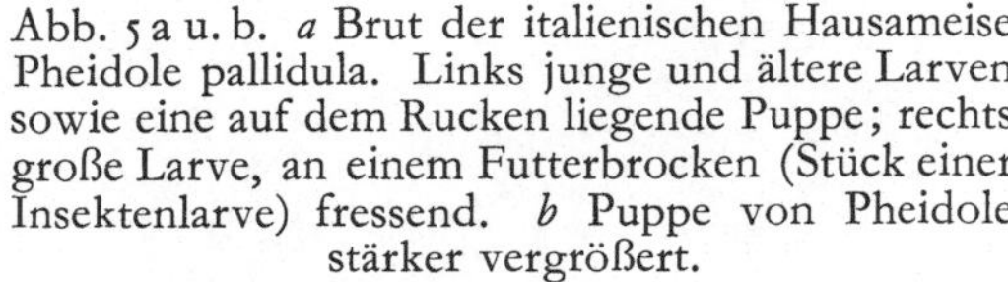

Abb. 5 a u. b. *a* Brut der italienischen Hausameise
Pheidole pallidula. Links junge und ältere Larven
sowie eine auf dem Rucken liegende Puppe; rechts
große Larve, an einem Futterbrocken (Stück einer
Insektenlarve) fressend. *b* Puppe von Pheidole
stärker vergrößert.

vielen, vielen anderen Weibchen dieser natürlichen Fähigkeit be-
raubt sind, wie dies bei der fast ausschließlich aus Weibchen bestehenden Familiengemeinschaft des Ameisenstaates der Fall ist.

Auch die sogenannten *Soldaten* sind Weibchen. Man versteht
darunter besondere Arbeiterinnen, die sich bei manchen Arten in

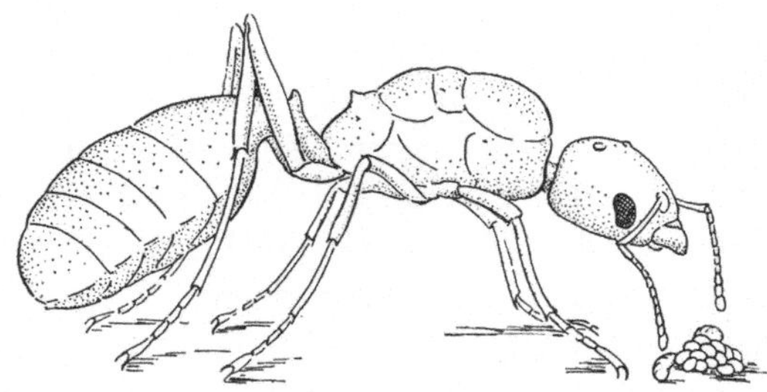

Abb. 6. Junge entflügelte Königin der italienischen Hausameise
Pheidole pallidula, mit ersten Eiern und zwei Larven.

irgendeiner Weise von den übrigen abheben. Meist sind es Tiere,
welche durch riesige Köpfe mit starken Beißwerkzeugen (Mandibeln) ausgezeichnet sind. Wie groß die Unterschiede zwischen
einer gewöhnlichen Arbeiterin und einem „Soldaten" sind, beweist

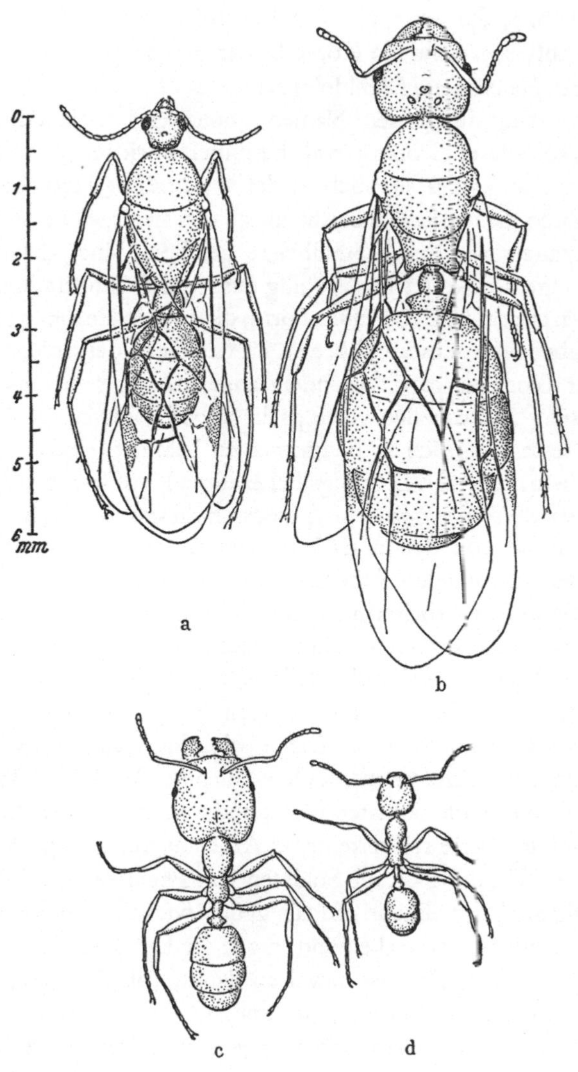

Abb. 7 a—d. Stände der italienischen Hausameise Pheidole pallidula. a) Geflügeltes Männchen. b) Geflügeltes Weibchen, das nach Abwurf der Flügel zur Königin wird (vgl. Abb. 6). c) Verkümmertes Weibchen besonderer Form, nur in geringer Zahl im Staate vorhanden (= Soldat). d) Verkümmertes Weibchen, welche die Hauptmasse des Ameisenstaates bilden (= Arbeiter). Links Maßstab in Millimetern.

die Abb. 7, die unter gleicher Vergrößerung die ganze Gestalt, und Abb. 8, welche die Köpfe beider Stände im Staate der italienischen Hausameise (Pheidole) zeigt.

Man hat, durch den Namen „Soldaten" verleitet, sich die Tätigkeit dieser Großköpfe als besonders kriegerisch vorgestellt. In der Tat leisten sie auch in der *Verteidigung* Hervorragendes. Mit ihren dicken Schädeln, die durch den sie umkleidenden festen Hautpanzer wie durch Stahlhelme geschützt sind, füllen sie die Eingänge des Nestes meist völlig aus, so daß Eindringlinge nicht vorwärts kommen. Bei einer Form, die auch in Europa vorkommt (Colobopsis truncata, Abb. 22), ist der Kopf der Soldaten sogar dieser Blockade ganz besonders angepaßt; er sieht aus wie ein Stöpsel. Und wirklich verstöpseln solche Soldaten die Eingänge des Nestes, das sich in Baumzweigen befindet, einfach dadurch, daß sie in die feinen Eingangslöcher ihren Kopf stecken (Abb. 22).

Besonders *angriffslustig* sind indessen diese Soldaten nicht, darin werden sie von den einfachen Arbeiterinnen weit übertroffen. Bei fleischfressenden Ameisen wird ein Feind oder eine Beute meist von den Arbeiterinnen angegangen; erst später pflegen die Soldaten zu erscheinen. Dann treten allerdings die mächtigen Beißwerkzeuge der Großköpfe in heftige Tätigkeit. Wie Bulldoggen verbeißen sie sich und zerfetzen Feind und Beute in kurzer Zeit zu kleinen Stücken. Die in einzelne Teile zerlegte Beute wird von den Arbeiterinnen abgeschleppt. An diesem Transport beteiligen sich die Soldaten nicht, und man nahm deshalb an, daß sie auch im Neste selbst keinerlei Arbeit ausführen würden. Dies ist aber nicht der Fall; die Soldaten von Pheidole und Colobopsis beteiligen sich vielmehr oftmals genau wie die Arbeiterinnen an der Brutpflege, und lecken und tragen die Larven mit der gleichen Liebe und Sorgfalt. Sie beweisen damit, daß ihr ganzes Triebleben durchaus mütterlich gestimmt ist.

Bei vielen Ameisenarten ist übrigens die Kluft von Arbeiter zu Soldat überbrückt; man kann von riesigen „Giganten" oder Großsoldaten über Normalsoldaten und Kleinsoldaten bis zu Kleinarbeitern alle Übergänge finden. Besonders schön ist dies zu sehen bei den Körnersammlern (Abb. 9) und Pilzzüchtern (Abb. 36), die uns später noch zu beschäftigen haben. Dort ist meist auch eine besondere Arbeitsteilung durchgeführt, derart, daß die Kleinen mehr im Innendienst des Staates, die Größeren im Außendienst beschäftigt sind.

Übergangsformen von Arbeitern und Soldaten zu echten Weibchen sind ebenfalls manchmal zu finden. Besonders die „Giganten" lassen oft in Augen- und Gehirnbildung Anklänge an die Königinnen erkennen, deren Größe sie auch manchmal erreichen. Es zeigt sich demnach auch hier wieder, daß alle Arbeiter und Soldaten Weibchen sind.

Männchen kommen also überhaupt nicht vor? Doch, aber nur zu gewissen Zeiten. Sie sind meist kleiner als die Weibchen (Abb. 3 und 7), und viel kleiner ist auch ihr Hirn (Abb. 3). Ihre Augen sind jedoch größer als bei den übrigen Nestgenossen, und ihre Geruchsorgane feiner, damit sie die Weibchen besser finden können. Sie sind damit „von Kopf bis Fuß auf Liebe eingestellt"; nur dies ist ihre Welt! Sie erscheinen lediglich zu dem Zwecke, einige junge, neu entstandene echte Weibchen zu befruchten; an den Arbeiten des Staates beteiligen sie sich niemals.

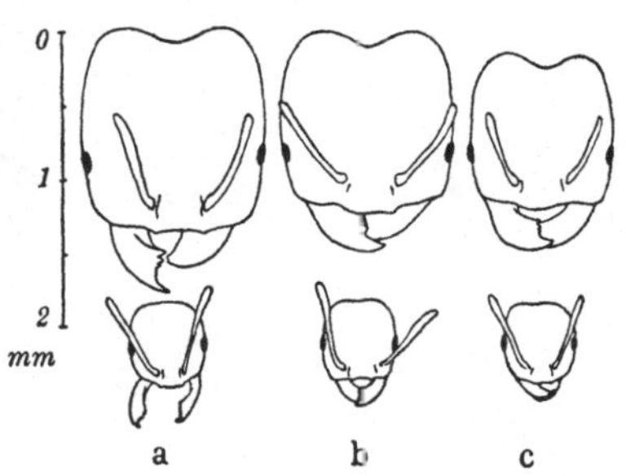

Abb. 8 a—c. Köpfe von Soldaten und Arbeitern der italienischen Hausameise Pheidole pallidula (vgl. Abb. 7), aus verschiedenen Staaten. a) Neapel, Zoolog. Station; größter bisher gemessener Soldat. b) Torbole, Gardasee. c) Neapel, Posilip; kleinster bisher gemessener Soldat. Von den Fühlern sind hier wie in vielen anderen Abbildungen nur die Fühlerschäfte gezeichnet, die Geißelglieder dagegen weggelassen. Links Maßstab in Millimetern.

Hochzeitsflug und Staatenbildung

Damit sind wir bei einem wichtigen Punkt des Ameisenlebens angelangt: bei der Entstehung der neuen Staaten, die auf ganz verschiedene Weise gebildet werden können.

Die ursprünglichste Art der Staatenbildung ist die

unabhängige Nestgründung.

Bei ihr entstehen neue Staaten allein aus einzelnen Weibchen, die zu bestimmten Zeiten im alten Nest zwischen den Arbeitern heranwachsen, gemeinsam mit den kleineren Männchen. Beide sind geflügelt (Abb. 4 und 7), und beide verlassen dann ihren Stammstaat, um sich zu luftigen Höhen emporzuschwingen. Bei den einzelnen Ameisenarten eines bestimmten Gebietes werden solche „Hohen Zeiten", die durch besondere Witterungs- und Ernährungsbedingungen bestimmt sind, meist zu gleicher Zeit erreicht; infolgedessen stehen überall in den Nestern die geflügelten Männchen und Weibchen ungeduldig zum Ausflug bereit und

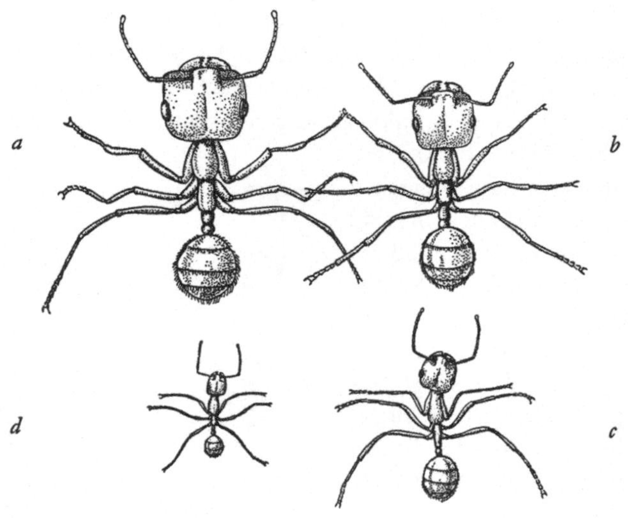

Abb. 9a—d. Die körnersammelnde Ameise Messor barbarus.
a) Großsoldat, b) Normalsoldat, c) Übergangsform, d) Kleinarbeiter.

warten nur noch auf einen auslösenden Antrieb. Meist ist es ein schöner warmer Tag mit genügender Luftfeuchtigkeit, mit Föhn- oder Gewitterstimmung, der so wirkt wie das Einwerfen eines Geldstückes in einen Musikautomaten: Dann beginnt die Melodie des neuen Lebens, aus einer Folge festgelegter Handlungen bestehend, von denen die eine immer wieder eine andere verursacht. So gibt es denn nach Eintritt dieses letzten auslösenden Reizes bei den Ameisen kein Halten mehr; überall quillt es aus den Nestern heraus; denn auch die ungeflügelten Arbeiterinnen sind von der Aufregung angesteckt und begleiten ihre Brüder und Schwestern so weit, wie sie es können: bis zu nestnahen Blütenstengeln,

16

Sträuchern oder hohen Steinen, von denen der Abflug der Männchen und Weibchen dann erfolgt.

Was für Massen Geflügelter besonders in wärmeren Ländern manchmal zu gleicher Zeit aus den Nestern entlassen werden, davon macht man sich im allgemeinen keinen Begriff; bei südamerikanischen Formen (Atta) sind beispielsweise in einem einzigen Nest einmal über 3500 Weibchen und etwa 35 000 Männchen festgestellt worden!

Auch am Mittelmeer erlebt man manchmal solche Massenflüge: so konnte ich an einem der schönsten Punkte Capris, an der Punta Tragara (Abb. 79), einen Hochzeitsflug beobachten, der zugleich ein tiefes Erlebnis von dem Werden und Vergehen in der Natur bot. Bei untergehender Sonne begann das Schwärmen der italienischen Hausameise (Pheidole pallidula); zunächst erschienen von überall in Haufen die kleinen, geflügelten Männchen, welche sich bald zu riesigen Massen in der Luft vereinigten. In einer lichten

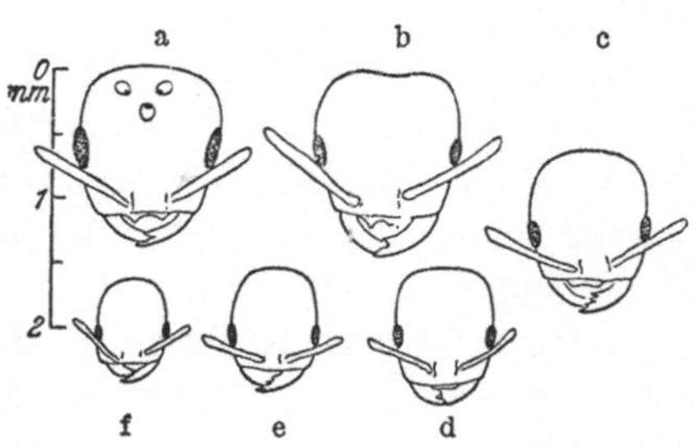

Abb. 10a—f. Köpfe verschiedener Kasten der chilenischen Ameise Solenopsis gayi. a) Weibchen mit 3 Stirnaugen. b) Gigant (= ein die Größe des Weibchens erreichender Soldat). c—e) Übergangsformen. f) Kleinster Arbeiter.

Wolke tanzten die leichtbeschwingten Tiere über der blauen Küste auf und ab, in diesem besonderen Abschnitt ihres Lebens, das hier seinen Höhepunkt und sein baldiges Ende erreichen sollte.

Und dann kamen die weit größeren Weibchen; weniger beschwingt, schon gehemmt durch die sich entwickelnde Eifülle, erhoben sie sich schwerfällig in die Luft und flogen zunächst einzeln umher. Sobald sie aber den Schwarm der Männchen spürten, eilten sie mitten unter sie. Da, wo sie im Schwarm auftauchten, setzte eine wilde Bewegung ein. Wie rasend stürzten sich die Männchen auf sie zu; ein toller Wirbel, und schon hatte ein Männchen sein Ziel erreicht. Vereint mit dem Weibchen sank es im Zickzack herab, zur Erde zurück, wo nach ganz kurzer Zeit, nach wenigen Minuten zumeist, die Befruchtung beendet war.

Mit der Befruchtung ist die Bestimmung des Männchens vollendet; es hat die Samentasche des Weibchens gefüllt, das mit dieser Begattung den Vorrat für sein ganzes Leben mitbekommt. So kann das Männchen unmittelbar nach dem Hochzeitsflug sterben, zusammen mit den weniger glücklichen Gefährten, die ebenfalls nach kurzer Zeit dahinsiechen.

Aber auch schon während der Hochzeit selbst lauerte in dem beschriebenen Flug der Tod: mit schrillem Geschrei schossen Mauersegler auf die absinkenden Pärchen herab, ein scharfes Schnappen, und alles war aus.

Bei unseren einheimischen Ameisen sieht man Männchen und Weibchen meist hervorragende Punkte anfliegen; Bergspitzen und alleinstehende Bäume, sowie Wetterfahnen und Aussichtstürme werden oft von allen in der Nähe liegenden Nestern so bevorzugt, daß die dichten Schwärme wie Rauchwolken wirken und tatsächlich einige Male das Ausrücken der Feuerwehr verursachten!

Biologisch ist das Treffen der Geflügelten aus vielen Staaten deswegen wichtig, weil sich so die Männchen mit Weibchen anderer Nester paaren können und die Inzucht herabgesetzt wird. An solchen Punkten kann man dann manchmal beobachten, wie verschwenderisch die Natur sein kann: auf der Badener Höhe im Schwarzwald fand ich den Boden des Aussichtsturmes einmal mit einer 1 cm hohen Schicht tot herabgesunkener Männchen der verschiedensten Ameisenarten bedeckt.

Für die Weibchen, welche den schon beim Hochzeitsflug drohenden Gefahren entkommen sind, geht der festgefügte Lebenslauf dann weiter. Sie fallen zu Boden und suchen sich zu verstecken; denn schon wieder lauern schwere Gefahren. Alles, was gern Insekten frißt, und das ist eine große Zahl von Tieren, stürzt sich auf die fetten Bissen, im tropischen Südamerika sogar der Mensch. Nur sehr wenige entkommen infolgedessen dem Tod, um nun eine neue Strophe ihres Lebensliedes anzustimmen.

Die Tätigkeit, der sie sich jetzt widmen, erscheint ganz eigenartig. Sie krümmen sich seitwärts und pressen die Körper an den Boden oder an Steine und andere Unebenheiten und spreizen dabei oft die Flügel auf sonderbarste Weise. All dies geschieht zu dem Zweck, sich der Flügel zu entledigen, die jetzt nichts mehr nützen. Meist gelingt dies auch leicht; denn stets befinden sich da, wo die

Flügel am Körper ansitzen, schon besondere zum Abbruch vorbestimmte Stellen. Wenn der Abwurf nicht glücken sollte, schrumpfen die Flügel später nach und nach ein und werden dann stückweise abgestoßen; denn einige Zeit nach dem Herabstürzen vom Hochzeitsflug beginnen sich stets die Flugmuskeln rückzubilden, und damit auch das die Flügel ernährende Gewebe. Auch bei nichtbefruchteten Tieren pflegt dies nach einem gewissen Zeitraum zu geschehen.

Mit Abwurf der Flügel ist das befruchtete Weibchen zur Königin eines künftigen Staates geworden und sucht nun eine geeignete Stelle für dessen Aufbau.

Hierbei verfahren die einzelnen Ameisenarten etwas verschieden: die Baumbewohner nagen sich eine Höhlung in morsches Holz, die Erdameisen graben sich ein oder verkriechen sich unter Steinen. Stets wird aber eine abgeschlossene Kammer, ein sogenannter Kessel, errichtet, in dem dann die junge Königin sich ganz von der Außenwelt abschließt. Sie bleibt damit zu eigenem Schutz, und so zu dem des künftigen Staates, ohne jede Verbindung mit der Außenwelt und muß sogar auf Nahrung verzichten, so lange, bis aus den Eiern, die sie jetzt abzulegen beginnt, die ersten Arbeiterinnen entstanden sind. Da dies stets längere Zeit dauert, bei südlichen Formen etwa vier Wochen, bei einheimischen dagegen neun Monate und mehr, muß und kann das Weibchen wirklich so lange fasten.

Erleichtert wird diese Fastenzeit allerdings durch zwei Besonderheiten. Zunächst trägt das Weibchen eine Nahrungsquelle in sich in der jetzt nutzlosen Flügelmuskulatur, die fast den ganzen Brustabschnitt einnimmt. Sie wird nach und nach abgebaut; d. h. die einzelnen Muskelfasern bilden sich zurück, und die dabei frei gewordenen Stoffe werden dann an anderer Stelle wieder zum Aufbau verwendet. Die jetzt nutzlose Muskulatur spielt also die Rolle eines Speichers, wie wir sie z. B. in den Höckern der Kamele kennen, welche die bei guter Fütterung straffen Fettmassen nach und nach aufzehren und dadurch ebenfalls lange hungern können. Zweitens aber hat das Weibchen seinen ganzen Hinterleib voll von Eiern, die es jetzt abzulegen beginnt. Nur 10 bis 20% dieser Eier werden zu Larven herangezogen; die übrigen 80 bis 90% frißt das Weibchen selbst wieder auf!

Aber es darf diesen mitgebrachten Vorrat nicht einmal ganz für sich verbrauchen, denn es muß ja auch die Jungen aufziehen. Und damit dies möglichst schnell geschieht, finden wir bei den Ameisenköniginnen und später auch bei den Arbeitern oft eine besondere Eigentümlichkeit: Sind aus abgelegten Eiern einige Larven geschlüpft, so wird die größte bevorzugt. Sie erhält am meisten Futter und wächst so am schnellsten zur Puppe heran. Dann kommt die nächstgrößte und so fort, so daß zuerst nur einige wenige heranwachsen, diese aber mit der größtmöglichen Geschwindigkeit.

Die ersten Arbeiterinnen, die ausschlüpfen, sind im allgemeinen ganz klein und winzig, so wie sie später nie wieder entstehen. Diese „Kleinarbeiter" haben die Aufgabe, die Mutter zu entlasten; sie widmen sich der vorhandenen Brut, beginnen nach einigen Tagen die Einmauerung zu durchbohren und laufen aus. Das ganze Verhalten bei den ersten Arbeiten ist zunächst etwas spielerisch und erinnert an andere junge Tiere. Wie kleine Hunde wissen sie zunächst auch gar nichts Rechtes anzufangen, wenn sie auf Beute stoßen, eine Fliege oder ein anderes kleines Insekt, gleichgültig ob lebend oder tot. Meist erschrecken sie zuerst davor; aber bald ist die Scheu überwunden, die Beute wird ergriffen, ins Nest gezerrt und dort zerteilt.

Mit solcher ersten Beute, oder bei anderen Formen mit dem Eintragen des ersten Flüssigkeitstropfens im Kropf, beginnt eine neue Phase im Ameisenstaat; denn nun bekommt die Brut etwas ganz anderes zu fressen als vorher. Die Larven, die infolge der Ernährung mit den Eiern der Mutter stets ein bleiches, weißes Aussehen zeigten, nehmen plötzlich eine andere Färbung an; man sieht ihre Leiber gefüllt mit dem Futter, das die Kleinarbeiter ihnen von außen zugetragen, und man kann sogar sehen, *was* sie zu fressen bekamen: gelben rötlichen Honig oder schwärzliche verkaute Fliegen. Alles, was die prallgefüllten Bäuchlein enthalten, schimmert durch die weißliche Haut deutlich hindurch (vgl. Abb. 5).

Wir wollen jetzt die kleineren und größeren Larven sich selbst überlassen und uns ihren Pflegern, den Kleinarbeitern, etwas zuwenden; denn sie zeigen einige Besonderheiten. Zunächst stellte sich bei manchen Formen heraus, daß ihre Lebenszeit nur sehr kurz bemessen ist. Sie zeigen damit deutliche Unterschiede gegenüber den späteren, größeren Arbeitern, die mindestens sechs Monate alt werden.

Trotz dieser Mängel sind die ersten Arbeiter für den Aufbau des Staates außerordentlich wichtig. Ihre Kleinheit hindert sie nicht daran, alle nötigen Arbeiten, wie Brutpflege, Bautätigkeit und Nahrungsbeschaffung zu besorgen, und ihre Kurzlebigkeit ist für die neu entstehende Gemeinschaft belanglos: in der Zeit ihres Daseins sind inzwischen die Larven späterer, besser ausgestatteter Eier herangewachsen, die überdies, wie wir sahen, auch schon eine andere Nahrung erhielten, und so stehen bei ihrem Tod schon neue kräftigere Genossen bereit, für sie einzutreten.

Die zweite Serie, die heranwächst, besteht in einigen Fällen ebenfalls noch aus Kleinarbeitern; die Weibchen verhalten sich da auch bei ein und derselben Art etwas verschieden. Oft sind bei Staaten, die eine Vielgestaltigkeit der Nestgenossen aufweisen, jetzt auch die ersten Soldaten entstanden, so daß damit der junge Staat vollendet ist.

Die hier wiedergegebene Art der Neugründung ist die gewöhnlichste Form. Bei ihr entläßt der alte Staat gleichsam wie eine Pflanze in ihren Blüten männliche und weibliche Keime, und nach der Befruchtung ist dann die Königin zum Samenkorn des neuen Organismus geworden. Wie beim wahllosen Ausstreuen von Samen wird auch hier eine große Verschwendung getrieben, die unbedingt notwendig ist, da ja nur das am Leben bleibt, was zufällig an günstige Stellen geriet. Und so ist denn auch im Ameisenstaat das Bestreben festzustellen, die Gefahren einer solchen wahllosen Aussaat von Königinnen zu beschränken, und den jungen Königinnen auf alle mögliche Weise die Gründung zu erleichtern.

Dies geschieht bei der

abhängigen Gründungsweise.

Diese Art der Nestgründung, bei der wir eine ganze Stufenleiter zu immer größerer Abhängigkeit finden, birgt indessen, wie wir sehen werden, wieder andere Gefahren in sich. Zunächst ist es sicher eine Erleichterung, wenn sich junge Weibchen sofort nach dem Hochzeitsflug in einen schon bestehenden Staat aufnehmen lassen. Solche Fälle kommen recht oft vor; schon bei Ameisenarten, die zur selbständigen Gründung durchaus befähigt sind. Meist sind es große Nester, in denen wir solche Neuaufnahmen finden; Nester, die sich über größere Flächen ausdehnen, so daß an verschiedenen Stellen Königinnen residieren können.

Bei einer Unterart unserer großen rotbraunen Ameise (Formica rufa), bei denen oft viele der bekannten von Tannennadeln errichteten Kuppeln miteinander in Verbindung stehen, haben wir einen solchen Fall vor uns; und dadurch, daß durch irgendwelche Zufälle die Verbindungswege gestört werden, können dann leicht neue selbständige Staaten durch Koloniebildung und Abzweigung entstehen.

Noch bequemer ist's dann, auf einen Hochzeitsflug überhaupt zu verzichten und sich im Nest befruchten zu lassen. Dies trägt aber schon eine Gefahr der Inzucht in sich, welche ja gerade durch das Schwärmen der Geflügelten zu annähernd gleicher Zeit vermieden wird. Aber auch die Aufnahme in einen schon bestehenden Staat hat Gefahren. Die Königinnen sind wie alle Monarchen: sie dulden meist keinen Nebenbuhler. Und so kommt es fast immer zu Kämpfen, sobald zwei Königinnen zusammentreffen. Die strenge Unerbittlichkeit solcher Kämpfe ist oft grausig anzusehen: jede Gegnerin versucht den Hals der anderen zu packen; gelingt es ihr, so beginnt sie einige sägende Bewegungen mit der Kaulade, und der Kopf der Überwundenen ist abgetrennt.

Auch die Arbeiterinnen sind neu eindringenden Weibchen oft nicht wohlgesinnt. Darum glückt die Aufnahme in ein Nest meist nur dann, wenn durch irgendeinen Zufall die alte Königin umgekommen ist. In solchem Fall sind auch die Arbeiterinnen weniger feindlich eingestellt; sie fangen sogar oft sofort an, die neue Königin abzulecken und zu umschmeicheln, als ob sie sich einem lang entbehrten Genuß hingeben könnten. Diese Liebe zur Königin beruht aber wahrscheinlich hauptsächlich darauf, daß von solchen Vollweibchen allerlei gern gerochene oder gern geleckte Substanzen ausgeschieden werden; darauf ist es auch zurückzuführen, daß gelegentlich Königinnen *fremder* Arten aufgenommen werden. So lassen sich die befruchteten Weibchen unserer glänzend schwarzen Holzameise (Lasius fuliginosus) regelmäßig von kleinen weibchenlosen Nestern verwandter Arten (Lasius bruneus u. a.) aufnehmen und führen mit ihnen die erste Stufe der Staatengründung durch. Diese sogenannten Hilfsameisen sterben dann später ab, und der Staat wird so allmählich reinrassig, da ja nur die eine Königin vorhanden ist, um für Nachkommenschaft zu sorgen.

Eine andere Art der unselbständigen Gründung führt die sehr kriegerische blutrote Waldameise (Formica sanguinea) durch. Auch sie sucht sich Hilfsameisen zu verschaffen, aber auf ganz besondere, raffinierte Art. Sie dringt nämlich in einen weibchenlosen Staat ein, aber läßt es gar nicht darauf ankommen, ob die vorhandenen Hilfsameisen sie aufnehmen wollen oder nicht. Kriegerisch und räuberisch von Natur aus, erdolcht sie nach und nach eine der Hilfsameisen nach der anderen, und zwar nicht im offenen Kampf, sondern meist durch Überfall von einem Versteck aus. Dann holt sie sich die Puppen der Hilfsameisen und zieht sie für sich als Sklaven auf, so die große Zeitspanne bis zum Heranwachsen der eigenen Erstarbeiter ersparend. Und da die ausschlüpfenden jungen Ameisen nichts anderes kennen, behandeln sie von Anfang an die fremde Königin so, als ob sie ihre eigene wäre: sie pflegen auch deren Eier und ziehen sie zu jungen Arbeitern heran und leben mit diesen Nestgenossen, als ob es ihre Geschwister seien.

Wir haben damit einen ersten Fall von sogenannten

zusammengesetzten Nestern;

d. h. solchen Staaten, die von mehreren Ameisenarten gebildet werden. Man bezeichnet hier meist die Hilfsameisen als „Sklaven". Man darf sich dies aber nicht so vorstellen, als ob diese Sklaven unterdrückt wären oder unter einem gewissen Zwang ständen. Dies ist keineswegs der Fall; sie leben vielmehr genau so, wie sie es in ihrem eigenen Staat auch tun würden. Entstanden ist dieser Name durch den sogenannten Sklavenraub, den wir im Zusammenhang mit den hier beschriebenen Vorgängen oft finden.

Die blutrote Waldameise ist sehr gewalttätig und angriffslustig, wie wir schon bei der jungen Königin sahen, und diese Eigenschaft finden wir auch bei den Arbeiterinnen. Auch sie überfallen, meist in ganzen Trupps, fremde Ameisennester und rauben dort die Brut. Diese dient meist als Nahrung und wird verfüttert oder aufgefressen; bei einigen nahe verwandten Formen dagegen bleiben die Puppen unversehrt. Sie werden ins eigene Nest getragen und dort aufgezogen und vermehren so die Zahl der schon vorhandenen Hilfsameisen, so daß der Staat dieser Ameise fast immer ein zusammengesetztes Nest darstellt.

Die blutrote Formica *kann* noch allein alle staatlichen Verpflichtungen erledigen, so daß Nester ohne Hilfsameisen vollständig lebensfähig sind. Eine andere Art dagegen, die Amazonenameise (Polyergus rufescens), hat sich so auf den Raub von Sklaven eingestellt, daß sie ohne diese überhaupt nicht zu leben vermag. Die Mundwerkzeuge sind zu förmlichen Dolchen geworden, die eine fürchterliche Waffe darstellen; meist genügt ein einziger Biß, um eine feindliche Ameise zu erledigen. Aber mit dieser Umbildung der Kauladen zum ausschließlichen Kampfwerkzeug ist die wunderbare Vielseitigkeit der Kiefer verlorengegangen, die sonst die Ameisen zu ihren Bau- und Pflegearbeiten befähigt; ja sogar zum Zerkleinern der Nahrung sind sie unbrauchbar geworden. Infolgedessen sind die kriegerischen Herrenameisen in völlige Abhängigkeit von den Sklaven geraten; sie sind sogar unfähig, allein zu fressen, und müssen sich stets füttern lassen.

Auf weiteren Stufen einer derartigen Entwicklungsreihe kehrt sich das Verhältnis von Herren zu Sklaven immer mehr um. Bei noch stärkerer Ausbildung der Kauladen zu noch größeren Dolchen werden diese Waffen nur mehr zu leeren Drohmitteln: sie sind zu mächtig geworden, um überhaupt wirksam gebraucht zu werden. Die ursprünglichen Herren sind zu Schmarotzern der Staaten geworden, in denen sie leben. Solche Emsen, die es sich in Nestern anderer Arten wohl sein lassen, gibt es in großer Zahl; und dabei finden wir das, was sich bei schmarotzenden Einzelwesen beobachten läßt, auch bei diesen unselbständig werdenden Staatsorganismen der Ameisen wieder: Einen stufenweisen Abbau nämlich alles dessen, was unnötig erscheint. So verkleinert sich bei Formen, die eine Soldatenkaste besaßen, zuerst *dieser* Stand, wie z. B. bei Erebomyrma u. a., oft bis zum völligen Verschwinden. Daß auch in anderen Fällen gerade die Soldaten an erster Stelle ausgemerzt werden, haben wir später noch einmal festzustellen. Weiterhin beobachten wir dann, daß bei derartigen Schmarotzer-Ameisen auch die Zahl der *Arbeiter* zurückgeht; und wie bei manchen Eingeweidewürmern schließlich fast der ganze Aufbau des Körpers verschwindet und nur mehr ein Fortpflanzungsorgan übrigbleibt, so gibt es in den äußersten Fällen, die wir kennen, überhaupt gar keine Arbeiter mehr, sondern nur noch sehr stark zurückgebildete Weibchen, die *neben* den Königinnen der Hilfsameisen leben und von ihnen geduldet werden. Daß dies geschieht, beruht wieder wohl nur in den angenehmen Ausdünstungen und Ausscheidungen; sie leben als Staatsschmarotzer, so wie wir dies auch von anderen Tieren kennen, die in Ameisennestern geduldet oder gepflegt werden. Von ihnen wird im folgenden Abschnitt noch die Rede sein.

Staatsfremde und Staatsfeinde

Neben den verschiedenen Ständen der eigentlichen Nestgenossen gibt es im Ameisenstaat stets eine große Zahl anderer Bewohner. Manche leben nur an der Oberfläche der Bauten. Schon diese können zu gefährlichen Staatsfeinden werden, wenn sie sich darauf eingestellt haben, von Ameisen zu leben, wie einige Spinnen, oder wenn sie ihre Eier in sie ablegen, wie manche Schlupfwespen, oder rasch in die Nester einbrechen, um die Ameisenbrut zu rauben, wie verschiedene Käfer. Solche Tiere wollen wir hier nicht im einzelnen betrachten, sondern vielmehr andere, die im *Innern* des Nestes mit den Emsen zusammenleben. Untersuchen wir beispielsweise einmal das Nest der unterirdisch lebenden gelben Ameisen Lasius flavus, die an Waldrändern auf Wiesen kleine Hügel bauen. Wenn wir solche Hügel öffnen und uns die Nester etwas näher betrachten, dann können wir dort außer den Ameisen noch allerlei andere Tiere erkennen. Zunächst vielleicht, mehr am Rande, eine Menge kleiner blattlausähnlicher Tiere. Diese Wurzelläuse, die uns später noch zu beschäftigen haben, wollen wir vorläufig ungestört lassen. Dann sehen wir noch zufällige Einmieter, wie Raupen, Engerlinge oder Würmer, die nur deswegen sich dort aufhalten können, weil sie von den Herren der Staaten noch nicht entdeckt worden sind. Sind sie erst gefunden, so geht es ihnen schlecht; sie werden angegriffen als fremde Eindringlinge, wie wir es auch an uns selbst erfahren.

Weiterhin gibt es aber manche Tiere, z. B. gewisse Asseln, die schon eine andere Rolle spielen: Sie leben dauernd in den Nestern, sind aber so hart gepanzert, daß sie von den Ameisen nicht angegriffen werden können. Auch manche Insektenlarven vermögen auf diese Weise ständig im Ameisenstaat als Staatsfremde zu leben.

Neben solchen zufällig geduldeten oder sich den Angriffen entziehenden Tieren können wir aber noch echte „Ameisengäste" entdecken, unter denen manche Keulenkäfer (Claviger testaceus)

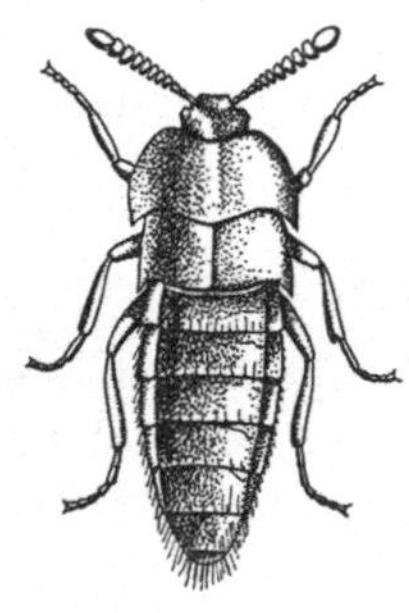

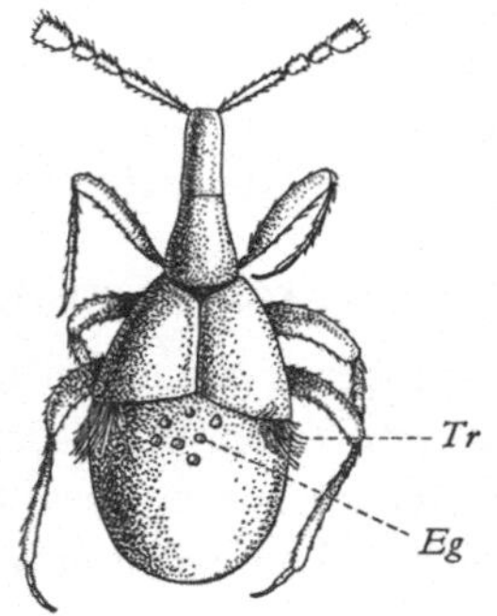

<table>
<tr><td>

Abb. 11. Kleiner Käfer der Gattung Dinarda. Wird in Ameisennestern geduldet, weil er wegen seiner großen Beweglichkeit schwer angreifbar ist. (Nach *Wheeler*)

</td><td>

Abb. 12. Kleiner Käfer der Gattung Claviger. Wird in Ameisennestern wegen besonderer Ausscheidungen geduldet, die von den Ameisen sehr gern aufgeleckt werden. $Tr=$ Haare, bei deren Berührung die Drüsengruben *(Eg)* die Abscheidungen beginnen. (Nach *Wasmann* aus *Escherich*.)

</td></tr>
</table>

die interessantesten sind (Abb. 12). Ein solcher Keulenkäfer ist blind und besitzt keulenförmige Fühler, die ihm den Namen gaben. Vor den Ameisen haben diese Käfer nicht die geringste Scheu; sie suchen sie vielmehr auf und „betrillern" sie mit den Fühlern; sie benehmen sich also so, wie es auch die Ameisen unter sich tun, wenn sie eine Genossin um Futter bitten. Wirklich erhält auch der Käfer von der Ameise einen ausgewürgten Futtertropfen. Er bietet aber auch der Ameise eine Gegenleistung; aus Haarbüscheln am Rücken sondert er eine süßliche Flüssigkeit ab, die von den Ameisen gierig abgeleckt wird. Hier liegt also ein Fall von Symbiose vor, ein Zusammenleben zu gegenseitigem Vorteil.

Ein etwas anderes Verhältnis finden wir bei der schon erwähnten blutroten Raubameise (Formica sanguinea) und einigen Kurzflügelkäfern (Dinarda, Abb. 11), die in Gestalt und vor allem in der Färbung eine gewisse Ameisenähnlichkeit aufweisen. Die abgestutzten Flügeldecken sind rotbraun wie der Brustabschnitt der Raubameise, und der übrige Körper ist wie bei ihr schwarz gefärbt, so daß möglicherweise die sehr gut sehenden Raubameisen dadurch getäuscht werden. Oft genug kann man aber beobachten, wie die Emsen diese Dinarden *angreifen*. Solche Angriffe mißlingen indessen meist, da sich die Käfer dann fest dem Boden anpressen. Dadurch können sie schlecht gepackt werden, und nach einigen vergeblichen Versuchen geben die Ameisen die Angriffe auf. Sie lernen sogar allem Anschein nach aus solchen vergeblichen Angriffen, daß hier „nichts zu machen ist", und lassen die Käfer später in Ruhe.

Hier haben nur die Käfer Vorteil vom Zusammenleben; sie fressen die gestorbenen Emsen und andere Dinge der Abfallhaufen, ab und zu auch vielleicht etwas Brut; im allgemeinen schädigen sie aber den Staat nicht.

Andere Einmieter sind jedoch nicht so harmlos; sie werden vielmehr zu echten Nestschmarotzern. Als Staatsfeind besonderer Art können wir bei der Raubameise rotbraune, etwa 6 mm lange Käfer der Gattung Lomechusa (Abb. 14) bezeichnen, die von den Ameisen nicht angegriffen, sondern gefüttert werden, wie die Keulenkäfer. Auch die Lomechusen sondern einen Stoff ab, der von den Ameisen sehr geschätzt wird; es ist diese Abscheidung, die an besonderen Haarbüscheln (oder Trichomen) abgegeben wird, aber kein Nährstoff, sondern ein Genußmittel. Infolge der Vorliebe für diesen Stoff werden die Käfer nicht nur geduldet, sondern sogar gepflegt, so gepflegt wie die Königinnen, die ja auch bestimmte gern genommene Stoffe abgeben. Die Pflege erstreckt sich sogar noch auf die Larven, die nun dem Staate außerordentlich schaden; denn sie leben vom Wertvollsten, was der Ameisenstaat besitzt, von dem Besitz, um den sich das ganze Emsenleben letzten Endes dreht: von der Brut. Ein Ei nach dem anderen wird ausgesogen, und eine Larve nach der anderen gefressen, ohne daß die Ameisen dem Einhalt tun. Ja, sie versorgen sogar die Lomechusa-Larven noch durch ausgewürgte

Futtertropfen. Dies geschieht deswegen, weil die Larven ihre
Köpfchen hin und her bewegen, bis sie „gestillt" worden sind;
d. h. sie benehmen sich ebenso wie die Ameisenlarven selbst.
In diesem zufällig den eigenen Larven ähnlichen Benehmen der
Lomechusa-Brut liegt wohl auch die Ursache dieser eigenartigen
Fürsorge für einen künftigen Schädling des Staates. Denn ebenso
„zufällig", wie sie für die *Larven* der Lomechusen sorgen, schädigen sie deren *Puppen*. Wenn nämlich die Käferlarve erwachsen
ist, betten sie die Ameisen genau so in eine kleine Erdhöhlung

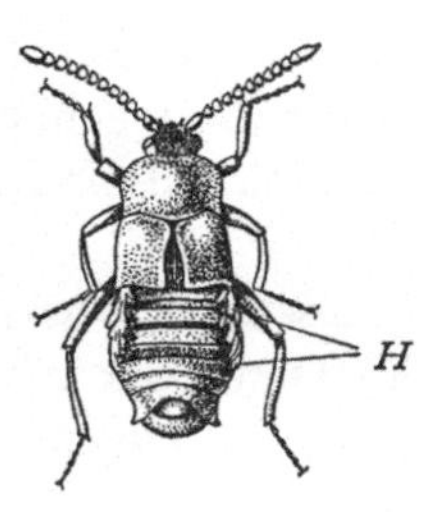
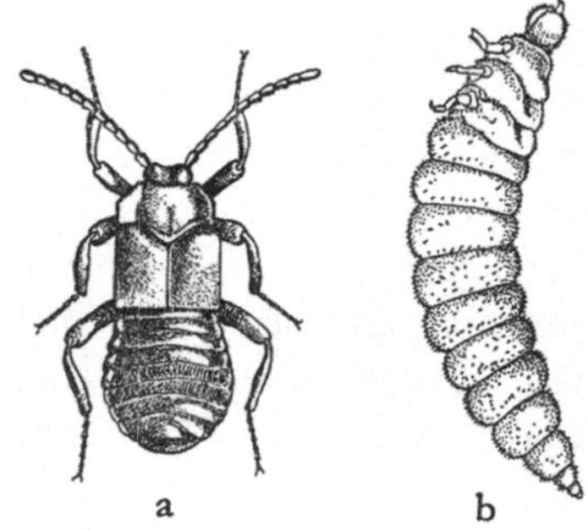

Abb. 13. Büschelkäfer Atemeles. Wird von den Amei-
sen gefüttert und liefert dafür bei *H* einen Stoff, den
die Ameisen begierig ab-
lecken. Atemeles ist ein
„Staatsfeind", der sich von
der Brut der Ameisen nährt.

Abb. 14a u. b. Käfer der Gattung Lomechusa mit Larve (b). Verhältnis zwischen
Ameise und Käfer wie beim Büschelkäfer
Atemeles (Abb. 13). Hier pflegen die Ameisen auch die Larven des „Staatsfeindes"
(vgl. Text).

ein wie ihre eigenen Larven, die dann in der Erdhöhle einen
festen Kokon spinnen. Die Käferlarven erzeugen aber nur ein
ganz dünnes Gewebe, in dem sie sich verpuppen wollen. Wenn
die Ameisen nun diesen zarten Kokon ausgraben, um ihn an einen
anderen Platz zu bringen, zerreißen sie ihn natürlich, zerren dann
die Larve hervor, graben sie nochmals ein und zwingen sie
damit abermals, einen Kokon zu spinnen, wodurch sie so
geschwächt wird, daß sie sich gar nicht erst verpuppen kann.
Andere Larven werden verletzt und sterben deshalb. So kommt
es dahin, daß sich nur die wenigen Lomechusa-Larven zu
Käfern entwickeln, die von den Ameisen übersehen und deshalb in Ruhe gelassen werden. Auf diese seltsame Weise wird meist

verhindert, daß gar zu viele Schmarotzerkäfer in der Ameisen-
kolonie entstehen.

Manchmal wird die Schädigung jedoch so groß, daß wirklich
die Zukunft des Staates gefährdet ist. Die bekannten Forscher

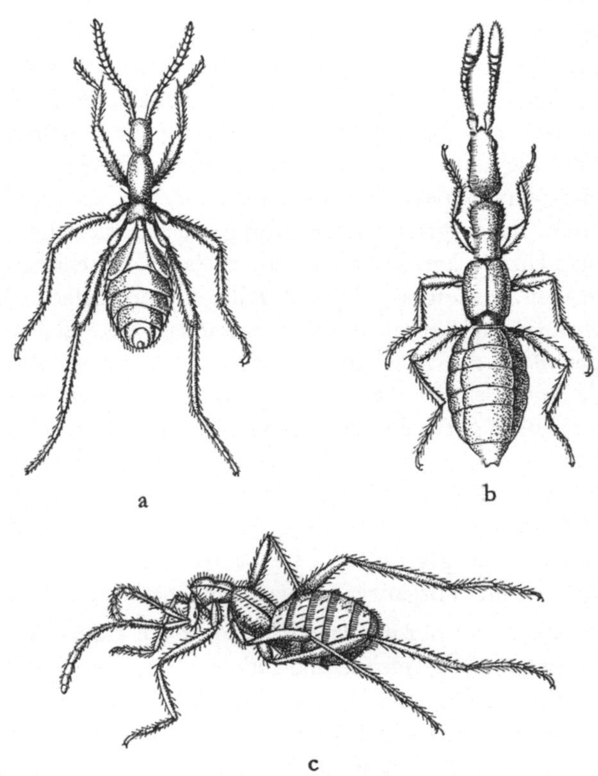

Abb. 15a—c. Käfer, die in Gestalt und Bewegung Ameisen nachahmen
(„Ameisenaffen"). a) Mimeciton pulex, b) Ecitomorpha simulans, c)
Dorylostethus wasmanni. (Nach *Wheeler*.) Alle diese Käfer leben zu-
sammen mit den Treiberameisen (Abb. 17).

Wasmann und *Forel* haben gerade dieser zur Selbstvernichtung
führenden Sorge für einen Staatsfeind ihre Untersuchungen gewidmet und sie mit menschlichen, der Gemeinschaft feindlichen
Lastern wie Alkoholismus oder Opiumsucht verglichen: Hier wie
dort wird in dem Bestreben, sich ein Genußmittel zu verschaffen,

der Staat oft geschädigt. Wir sahen aber schon, daß bei den Ameisen die Pflege der feindlichen Brut nicht *bewußt* durchgeführt wird, etwa zu dem *Zweck*, sich später Genußmittel zu verschaffen. Dies wäre ganz verfehlt, da die ausschlüpfenden Lomechusen-Käfer das Nest der Raubameise zunächst verlassen und sich vorübergehend in anderen Ameisenstaaten aufhalten, um erst später zurückzukehren.

Beim Entstehen dieses Zusammenlebens spielen also allerlei Zufälligkeiten eine Rolle. Eine Eigentümlichkeit der Lomechusa-Larven ist für die Käferentwicklung günstig, die Bettelbewegung nämlich; die andere wiederum ist für sie ungünstig: das dünne Gespinst der Puppen. Daß wir so wie hier gerade beim Schmarotzertum neben großer Zweckmäßigkeit eine sie teilweise aufhebende Unzweckmäßigkeit finden, erscheint oft sehr sonderbar. Wenn aber alles restlos „klappen" sollte, würden manche der jetzt bestehenden Fälle gar nicht mehr vorhanden sein. Eine auch der Puppenpflege der Ameisen angepaßte Lomechusa-Entwicklung würde beispielsweise die Käfer so überhandnehmen lassen, daß wir schließlich gar keine Raubameisenstaaten mehr fänden — was ja übrigens auch den Lomechusa-Käfern zuletzt zum Verderb werden würde! Vermutlich sind schon oft solche gegenseitigen Verhältnisse im Laufe der Erdgeschichte an zu *guten* Zufälligkeiten zugrunde gegangen! Und nur die blieben bestehen, bei denen *nicht* alle Vorgänge völlig aufeinander eingespielt waren.

Wir haben hier nur einige der bekanntesten Fälle von Zusammenleben zwischen Ameisen und anderen Tieren bringen können; ihre Zahl ist Legion, und fast jede Untersuchung einer bisher noch nicht genauer untersuchten Ameisenart bringt auch eine Liste von Staatsfeinden und Staatsfremden, die sich oftmals gleichsam „tarnen", d. h. die Form ihrer Wirte angenommen haben (Abb. 15). Wollte man aber alle diese interessanten Fälle behandeln, müßte man ein eigenes Buch schreiben.

Krieg und Jagd

Mit ganz geringen Ausnahmen ist alles im Ameisenstaat auf den totalen Krieg eingestellt. Die Großzahl der Nestgenossen, die Arbeiterinnen, sind im Notfall alle in gleicher Weise Kämpfer, und auch die Königin beteiligt sich oft am Kampf, wenigstens bei der Verteidigung. Ähnlich steht es mit den Soldaten, wenn auch bei diesem Stande oft die übertriebene Ausrüstung mit allzu großen Waffen die Beweglichkeit hemmt. Eine Ausnahme bilden nur die Männchen: da sie weder Giftdrüse noch Stachel besitzen und ihre Beißwerkzeuge ganz schwach entwickelt sind, fehlt ihnen jede Kriegsbefähigung, und sie müssen alles den Weibchen in diesen reinen Amazonenstaaten überlassen.

Die Kämpfe, die fast zu allen Tagesstunden beinahe in jedem Ameisenstaat stattfinden, sind zunächst Einzelkämpfe. Solche sehen wir ständig an den Grenzen der Staaten, die ja nicht nur in der eigentlichen Nestbehausung bestehen, sondern auch in den dazugehörigen Jagdgebieten. Ein starker Staat sucht sich auch bei den Ameisen so weit auszubreiten wie nur möglich und muß das Eroberte ständig verteidigen. So sehen wir beispielsweise bei den körnersammelnden Messor-Ameisen, die wir uns später noch genauer betrachten wollen, die Grenzen des Gebietes oftmals umstellt von „Wächtern". Die Tiere nehmen dabei eine ganz besondere Stellung ein: Die Fühler werden zurückgelegt, die Beine an den Leib herangezogen, und der ganze Körper erscheint leicht an die Erde angepreßt. In solcher „Wächter"-Stellung können sie oft stundenlang bewegungslos verharren.

Man findet Tiere in solcher Stellung nicht nur da, wo man Wächter vermuten sollte, sondern auch mitten im Nest; und das weist darauf hin, daß wir es vielmehr mit einer Ruhestellung zu tun haben. Keineswegs sind nämlich die Ameisen stets „emsig" bei der Arbeit; immer wieder wird, wie auch bei den Bienen, ab und zu eine längere Ruhepause eingeschaltet. Daß uns ein Ameisenhaufen so „wimmelnd" erscheint, liegt daran, daß wir die Ruhepausen in der Natur nicht beobachten können. Solche Ruhestellungen nehmen die Messor-Ameisen also dann ein, wenn sie längere Zeit ohne besondere Arbeit umhergewandert sind und nun an eine ihnen gut scheinende Stelle kommen, so etwa, daß sie allseitig gedeckt sind, wie in Verbindungsgängen zweier Nestkammern (vgl. Abb. 66). Sie kommen aber auch da zur Ruhe, wo etwas Neues an sie herantritt, beispielsweise am Nestausgang junge Tiere, die schon müde sind und sich nun scheuen, ins Unbekannte hinauszutreten; oder aber die Ruhestellung wird eingenommen, wo bereits ein anderes Tier sitzt; so entstehen manchmal förmliche Versammlungen.

Die Ankunft eines Genossen kann aber auch als Anstoß wirken, nun weiterzuwandern, und zwar als „Anstoß" im wahren Sinne des Wortes; und wenn der Ankömmling nun seinerseits müde ist, bleibt *er* jetzt vielleicht sitzen — und so kommt es zu förmlichen Ablösungen.

Tiere außerhalb des Nestes endlich bleiben unter Umständen sogar mitten auf freiem Felde stehen und pflegen minutenlang der Ruhe. Meist geschieht es aber an den Grenzen des Jagdbezirkes, also da, wo wiederum etwas Neues beginnt, und so kommt die Abgrenzung des Gebietes zustande, *ohne* daß etwas „Bewußtes" dabei angenommen werden muß, ebensowenig wie bei der Blockierung der Nesteingänge durch die dort zur Ruhe kommenden Tiere.

In diesen beiden Fällen hat die Gewohnheit, die Wächterstellung einzunehmen, einen Nutzen für die Gemeinschaft: Denn die Ruhetiere geraten sofort in Eifer, sowie sich eine Störung ereignet. Eine vorübergehende fremde Ameise wirkt als besonders heftiger Reiz, und wir können dann die Einzelkämpfe gut beobachten. Der Kopf des Wächters wird vorgeworfen oder der Feind förmlich angesprungen. Wird der Gegner erreicht und gepackt, dann zieht sich der Angreifer sofort schleunigst zurück, ohne jedoch den Gegner loszulassen. Auf diese Weise wird der Feind ins eigene Gebiet hineingezogen und dann mit den Kiefern, dem Stachel oder dem Gift der Hinterleibsdrüse erledigt. Durch den Rückzug ins eigene Gebiet werden so leicht auch Nestgenossen mit in den Kampf verwickelt und das Einzelgefecht in einen Massenkampf verwandelt.

Das Benehmen der Ameisen bei solchen Massenkämpfen kann man besonders gut beobachten, wenn Tiere verschiedener Staaten in einem Kunstnest vereinigt werden. Es fahren dann beide Parteien wild aufeinander los; im Gewühl werden die Kämpfer mit Gift, mit Stachelstichen oder mit Abtrennen von Kopf und Hinterleib zu erledigen versucht. Man kann hierbei manchmal beobachten, wie auch schwerste Verwundungen nicht vom Kampf abhalten. In einem Kunstnest war einmal zwei Messor-Ameisen bei einem Kampf zwischen zwei Parteien der Hinterleib völlig abgetrennt. Trotzdem unternahmen diese beiden Tiere noch dauernd Angriffe, auch dann, als der Kampf für die übrigen Tiere durch gegenseitige Erschöpfung schon beendet war und jede der Parteien sich in eine Ecke zurückgezogen hatte. Immer wieder eilten sie auf den feindlichen Haufen zu und stürzten sich auf die Gegner, die sich ihrer kaum erwehren konnten.

Den heftigsten Kampf erlebte ich einmal, als ich einige Tiere der argentinischen Ameisen (Iridomyrmex humilis, Abb. 16) in einem Kunstnest der italienischen Pheidole pallidula (vgl. Abb. 7) angreifen ließ. Der Grund, warum ich diesen Kampf veranlaßte, wird aus dem Folgenden hervorgehen; es handelte sich hier wie auch bei den oben

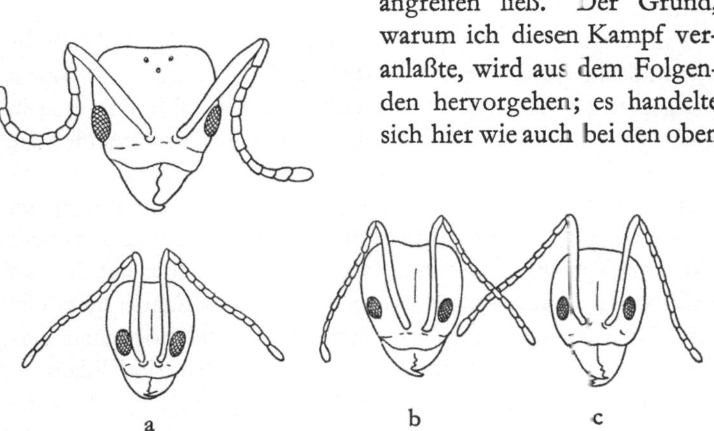

Abb. 16 a—c. Köpfe der argentinischen Hausameise Iridomyrmex humilis, welche jetzt auch in Europa eindringt. a) Oben Weibchen, unten Arbeiterin aus Breslau. b) u. c) Arbeiter aus Chile (Copiapó). (Die Arbeiter der einzelnen Nester sind alle gleich.)

angeführten Versuchen keineswegs um grausame Freude an solchen Dingen, sondern um eine notwendige Feststellung der Angriffstechnik.

Der sich entwickelnde Kampf zeigte eine ganz verschiedene Taktik beider Gegner. Die Italiener griffen sofort wütend an, Arbeiter sowohl wie Soldaten, die wie kleine Bulldoggen wild um sich bissen. Die Kämpfer gingen dabei aber ohne jede Vorsicht an den Feind, ganz im Gegensatz zu den Argentinern. Diese kamen *nie* in die Nähe der gefährlichen Kiefer, sondern umkreisten wie ein vorsichtiger Boxkämpfer, stets förmlich tanzend, die Angreifer. Das Bestreben ging sichtlich dahin, eine Blöße zu

entdecken und den Feind von der Seite oder von hinten an einem
Bein zu packen. Glückte es, so wurde er zurückgezerrt; kam
noch eine zweite Argentinerin zu einem ähnlichen Erfolg, dann
war der Feind erledigt. Nach zwei Seiten gezogen und festgehalten, ohne seine eigene Waffe anwenden zu können, wurden
durch scharfe Bisse die Beine amputiert, und alles das ging
rascher vor sich, als man es schreiben oder lesen kann. Die
bessere, wenn auch weniger ritterliche Taktik der Argentinerin-
nen siegte stets, auch bei größeren Gegnern wie unseren Waldameisen.

Warum war diese Feststellung nötig? Deswegen, weil sich die
argentinische Ameise Iridomyrmex humilis jetzt auf ganz großem
Kriegspfad befindet; sie ist augenblicklich überall in der Welt in
Ausbreitung begriffen, und wo sie auftritt, da verschwinden die
einheimischen Ameisen nach und nach fast vollständig.

Man nimmt jetzt an, daß Iridomyrmex auch in Argentinien erst
eingedrungen ist und eigentlich die wärmeren Gebiete Brasiliens
und Boliviens ihre Urheimat darstellen. Von dort aus hat sie
auch ihre Eroberungszüge begonnen. Der erste Schritt hierzu ist
stets eine Verschleppung durch den Handel; alle möglichen Ver-
kehrsmittel kommen dafür in Frage, insbesondere sind Pflanzen-
und Fruchtsendungen gefährlich. Iridomyrmex kennt keine
festen Nester, sondern errichtet überall da, wo sich Ernährungs-
möglichkeiten bieten, Kolonien; und zwar Kolonien, in die bald
auch Weibchen eindringen, da hier viele wenig seßhafte Königinnen zu einem Staat gehören. So ist der Verschleppung Tür
und Tor geöffnet. In dieser Weise ist die argentinische Ameise
zunächst in die südlichen Staaten von Nordamerika gekommen.
New Orleans bildete die Eingangspforte. Sie kam 1891 wohl
durch Kaffeeschiffe nach dort und breitete sich bald so aus, daß
sie auch in Tennessee, Nord-Carolina und Texas bald von einem
kaum beachteten Insekt eine allbekannte große Hausplage wurde.
Im Westen Amerikas fand sie ein *gesondertes* Verbreitungsgebiet
in Kalifornien, wo sie 1907 zuerst festgestellt wurde, und im
westlichen Südamerika wurde sie von mir in Copiapó, von anderen
Beobachtern in Concepción gesehen.

Überall sind es zunächst Häfen, wo sie auftritt; so 1908 in
Kapstadt, wohin sie mit Futtermitteln während des Burenkrieges

kam; heute ist sie in ganz Südafrika völlig eingebürgert. Auf
Teneriffa und den Kanarischen Inseln kommt sie als Hausameise
und im Freien vor, desgleichen auf den Azoren und in Madeira,
und dort muß von 1882 an ein Großkampf ganz in der Art getobt
haben, wie bei mir im Kunstnest: die früher als Hausameise lebende
Pheidole ist auf Madeira völlig verdrängt oder ausgerottet.
In Lissabon und Oporto ist dieser Kampf allem Anschein nach
in vollem Gange; Iridomyrmex ist an diesen Orten bereits die
häufigste Ameise. Spanien, Südfrankreich und Bosnien sind weitere Stationen ihrer siegreichen Verbreitung; dort kommt sie
überall auch im Freien vor. Das gleiche gilt von Neapel und Umgebung, wo ich sie 1936 zuerst feststellte. Jetzt hat sie auch die
Inseln Capri und Ischia erobert, und ebenso Mallorca (1953).

Wo sie im Freien nicht dauernd leben kann, geht Iridomyrmex
wenigstens in die Häuser; so ist sie von Brüssel gemeldet worden
und von Paris, wo ihretwegen einmal ein Hotel geräumt werden
mußte, und endlich von Hamburg.

In anderen großen Städten lebt sie ebenfalls, wie in Berlin
und in Breslau, wo sie im Botanischen Garten lästig wurde. Im
Freien hielt sie sich dort nur in wärmeren Sommern.

Woran liegt es nun im einzelnen, daß die argentinische Ameise
überall da, wo sie auftritt, sofort größte Aufmerksamkeit als
„Hauspest" erregt? Das ist leicht zu sagen: Sie vermehrt sich
zunächst ungeheuer stark; eine Kolonie von 100 Tieren ist von
April bis September beispielsweise zu einem Staat von 10000 Insassen herangewachsen. Dadurch tritt sie in kurzer Zeit in Massen
auf und dringt überall ein, selbst in die Betten. Außerdem greift
sie alles, aber wirklich auch alles an, was der Mensch an Lebens-
mitteln braucht. Von den höchsten Böden bis zu den tiefsten
Kellern ist nichts Eßbares vor ihr sicher, und es nützt auch nichts,
die Lebensmittel ins Wasser zu stellen, da sie gut darüber zu
laufen vermag. Besonders beliebt sind natürlich auch hier Süßig-
keiten; der Inhalt eines Marmeladenglases soll manchmal in ein
paar Stunden völlig verschwunden sein. Auch auf alles Fleisch
ist sie besonders scharf und scheut dabei nicht einmal Überfälle auf
junge Vögel im Nest und kleine Küken im Hühnerstall. Daß sie
dabei auch allerlei Ungeziefer erledigt und an Kleingetier nichts
am Leben läßt, ist ein schwacher Trost.

Der Kampf, den die argentinische Ameise führt, ist gleichzeitig auch ein Jagdzug im großen; denn die getöteten Tiere werden stets gefressen, auch die Ameisen — wie dies ja bei anderen Arten ebenfalls geschieht. Verschont werden hier in den meisten Fällen Leichen von erwachsenen eigenen Toten; Angehörige des eigenen Staates dienen nur bei allergrößter Not als Nahrung.

In etwas anderer Weise organisieren die sogenannten Jagd- oder Treiberameisen ihre großen Züge, die sowohl bei südamerikanischen, meist blinden Eciton-Ameisen wie bei afrikanischen Anomma-Arten oft beschrieben sind (vgl. Abb. 17). Wie diese Züge vor sich gehen, schildert unübertroffen der anschauliche Bericht *Vosselers*, welcher die von den Afrikanern *Siafu* genannten Jagd- oder Wanderameisen Äthiopiens genau beobachten konnte.

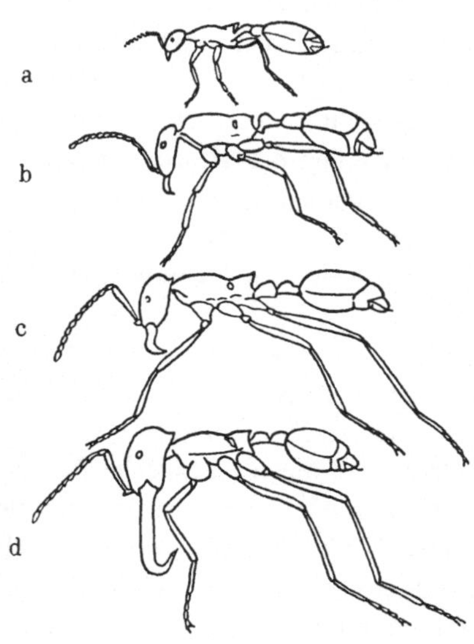

Abb. 17a—d. Treiberameisen (Eciton hamatum). (Nach *Wheeler*.) a) Arbeiter. b) Übergangsform. c) Soldat. d) Großsoldat mit stark vergrößerten Kiefern.

„Das Volk der Wanderameisen ist von einem unruhigen Geiste beherrscht. Wo immer ihr Tun und Treiben sich dem menschlichen Auge offenbart, nichts als Hasten, Jagen, Kämpfen und Morden. Wo sie auftauchen, rücken erst einzelne Tiere aus, unruhig hin und her rennend, tastend und sondierend. Bevor diesen Vorläufern eine Erkennung der Umgebung des neuen Invasionsgebietes anzumerken ist, drängen schon ungeduldige Haufen aus einer kleinen, sich nun schnell erweiternden Erdspalte nach. Aus Hunderten werden im Handumdrehen Tausende und Hunderttausende. Wie aus dem Boden gestampft erscheinen die kampflustigen Scharen, ergießen sich zunächst, einem uferlosen Strome gleich, über den Boden und die niederen Gewächse nach allen

Seiten hin, in dichtem Gewimmel den Boden bedeckend. Allenthalben wird's nun lebendig. Was an Grillen, Kakerlaken, Spinnen, Skolopendern, Raupen, Maden, kurz an kleinen und großen, wehrhaften und wehrlosen Lebewesen sich in der Erde, unter Steinen, in morschem Holz oder im Gras und Busch wohlgeborgen glaubte, fühlt sich im Moment des Ausschwärmens der Siafu wie von der Kriegstrompete alarmiert, sucht in kopfloser Flucht dem unerbittlichen Heer zu entrinnen, sofern seine Natur Eile erlaubt. Ein blutiges, stilles Drama beginnt, dem an packender Lebhaftigkeit kaum ein anderes gleicht. Eine große Bärenraupe verliert das Vertrauen auf die Schutzdecke ihrer langen Brennhaare und rennt mit gekrümmtem Rücken den Wegrand entlang, von den Ameisen wie von einer Meute blutdürstiger Wildhunde verfolgt. Nun geht die Jagd eine steile Wand hinauf, die Jäger auf den Fersen des Wildes. Die Raupe kollert herab, die Ameisen verlieren einen Augenblick die Spur. Ehe das Wild wieder auf den Beinen ist, sitzen 10, 20 und mehr Siafu an den Haaren festgebissen, im Nu ist es von hunderten gestellt, bedeckt, in Stücke zerschnitten, die sofort von einer entsprechenden Anzahl der unermüdlichen Jäger trotz aller Terrainschwierigkeiten nestwärts geschleppt werden. Eine Grille versucht die ganze Kraft ihrer sehnigen Springbeine, um der schnell erkannten Gefahr zu entrinnen. Umsonst! Sie wird umzingelt, an Beinen, Fühlern und Flügeln festgehalten, von Dutzenden scharfer Kiefer sofort kunstgerecht zerlegt, die Stücke folgen denen der Raupe.

Von den vorausschwärmenden Ameisen wird so das Feld rasch gesäubert. Die nachfolgenden Truppen schließen sich zu sechs bis zehn Gliedern, ein bis zwei Finger breiten Zügen zusammen, von denen die Tiere an der Front abgelöst bzw. ergänzt werden. Wo eben noch der Boden von suchendem mordendem Gewimmel bedeckt war, haben sich Straßen gebildet, die sich wie ein Netzwerk verzweigen und wieder vereinigen. Das Durcheinander der Bewegung hat sich nach vorn verschoben. Die Straßen, auf denen der Nachschub sich bewegt und die gleichzeitig zur Heimschaffung der Beute dienen, werden sofort geglättet, ihre Seiten von Wachen, den großen Soldaten, besetzt. Dichtgedrängt stehen sie ‚Schulter an Schulter' senkrecht zur Wegrichtung, den nach außen gekehrten Kopf in ständig suchender Bewegung nach einem Eindringling.

3a

Die geringste Andeutung eines Gegners veranlaßt sie, Brust und Kopf senkrecht zum Boden aufzurichten und die Fühler für den Moment des Zupackens an die weitgeöffneten Zangen anzulegen. Wird längere Zeit kein Feind bemerkt, so vermindern sich die Wachen, unregelmäßig verteilt bleiben fast nur noch die Riesen mit hocherhobenem Kopf, griffbereiten Kiefern und vibrierenden Fühlern stehen. Unter diesem Schutz strömen die fleißigen Tiere stunden- und tagelang ihren Weg hin, oft nur in einer Richtung, oft schwerbeladene zum Nest, die sich mit den vorwärtsdringenden begegnen. Aber niemals wird ein Nest längere Zeit bewohnt; wie Zigeuner kennen die Wanderameisen keine bleibende Heimat, sondern ziehen nach kurzer Zeit mit Sack und Pack weiter, auch auf diesen Wanderzügen ihre kriegerische Jagd fortsetzend." Im Urwald am oberen Paraná konnte ich Ähnliches erleben.

Kommen solche Wanderameisen dabei in menschliche Behausungen, so geht es dort ähnlich zu wie bei dem beschriebenen Überfall; nicht nur alles, was an Insekten dort vorkommt — und das ist in den Tropen schon allerlei —, nimmt Reißaus, sondern auch größere Tiere; ja sogar der Mensch. Da aber die Ameisen schnell weiterziehen, ist das Haus bald wieder bewohnbar; und ein Besuch der Ameisenschar wird oft gar nicht so ungern gesehen: nach ihrem Weggang ist das Ungeziefer, bis zu den Ratten, Mäusen und Schlangen, restlos vernichtet oder vertrieben.

Schließlich noch zwei Beispiele dafür, daß die Angriffslust der Ameisen manchmal anderen Organismen einen gewissen Vorteil gewährt.

In den Cecropia-Bäumen Brasiliens lebt eine kleine schwarze Ameise, die Azteca, welche sehr bissig ist. Sie hält infolgedessen sicher manche Insekten davon ab, den Baum zu besteigen oder sich auf ihm niederzulassen. Man hielt auch lange Zeit gewisse Besonderheiten der Cecropia für Anpassungen und glaubte, der Baum locke gleichsam die Azteca an, sich auf ihr niederzulassen. In Betracht kommen knöllchenähnliche Gebilde an den Blättern, die gefressen, sowie hohle Stammpartien mit dünnen Stellen, die von den Ameisen mit Leichtigkeit zernagt und zu Wohnungen benützt werden können.

Ähnlich steht es mit vielen tropischen Akazien, die wiederum
in Gestalt von Knöllchen an den Blättern Futter und in ihren
hohlen Stacheln Ansiedlungsmöglichkeiten für Ameisen liefern.

Neuerdings führen manche Beobachtungen dazu, an den Ge-
setzmäßigkeiten dieser Zusammenhänge zu zweifeln. Wenn die
Pflanzen auch gelegentlich Schutz vor ihren kampflustigen Be-
wohnern erfahren, so sind doch Pflanzen und Tiere keineswegs

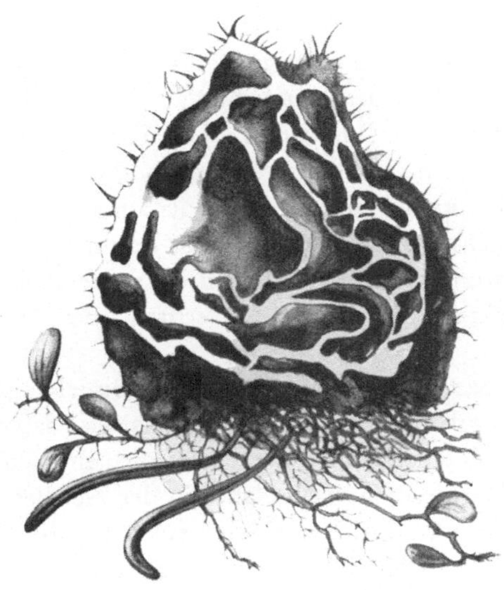

Abb. 18. Ameisenpflanze (Myrmecodia). (Nach *Escherich*.)
Die Hohlräume dienen den Ameisen zur Wohnung. Näheres siehe Text.

aneinander gebunden, und jedes kann unabhängig vom anderen
vorkommen. Insbesondere kann der Baum sehr gut *ohne* Ameisen
gedeihen. „Er bedarf der Azteca-Ameisen ebensowenig wie der
Hund der Flöhe", äußerte sich sehr drastisch *v. Ihering*, welcher
diese Vorgänge bisher am besten untersuchte. Die Ameisen, die
ebenfalls auch anderweitig leben können, finden allerdings dort
eine schützende Behausung und einen Teil ihrer Verpflegung.

Einen ganz anderen Typ von Höhlungen zeigen die zu einer
gewissen Berühmtheit gelangten Ameisenpflanzen der malaiischen
Inselwelt der Gattung Myrmecodia, einer Pflanze, die auf Bäumen
in der Art mancher Orchideen wächst (Abb. 18). Diese Myrme-

codia besteht aus einer Art Knollen, die von vielen Hohlräumen durchsetzt sind; sie dienen vermutlich als Wasserspeicher für die Pflanze. Diese Höhlungen ergeben nun einen idealen Wohnraum für Ameisen, die bei einer Störung angriffsbereit hervoreilen. Eigenartig ist, wie die Ameisen sich im Innern eingerichtet haben. Die Wände des Knollenlabyrinths sind nämlich von zweierlei Art; ein Teil ist glatt und hellbraun, der andere mit kleinen Warzen bedeckt und schwärzlich. Nur in dem ersten Teil werden die Larven und Puppen abgelegt; der warzige Teil ist dagegen eine Art Ameisenklosett und dient zur Ablage des Kotes. Auf diesem Kot wächst ein Pilz, dessen rauchgraue Färbung zusammen mit dem Kotüberzug die Dunkelheit dieser Kammerwände bedingt. Trotzdem die Ameisen diesen Pilzrasen durch Abbeißen kurz halten und das üppige Gedeihen der Pilzfäden an das Vorhandensein der Ameisen gebunden ist, dient er ihnen wahrscheinlich *nicht* als Nahrung, sondern stellt ein unvermeidliches Übel dar, eine Art Unkraut, das in den „Abtritten" der Ameisen üppig wuchert.

Auch hier hat man geglaubt, daß engste Beziehungen zwischen Ameisen und Pflanzen herrschten, beispielsweise daß die Knollenbildung und deren Kammerung durch die Ameisen erst *bedingt* seien. Die Myrmecodia wächst aber in der gleichen Weise auch ohne Ameisen, wenngleich der Ameisenkot für die Pflanze einen gewissen Nutzen bedeutet. Auch hier haben, wie bei der Cecropia, den größten Vorteil die Ameisen; sie finden bei der Myrmecodia Schutz und Feuchtigkeit, und bei der Cecropia Unterkunft und Verpflegung, also alles Dinge, die zum Gedeihen nötig sind, wie wir im folgenden Abschnitt noch genauer sehen werden.

Behausung und Verpflegung

Im Ameisenstaat dreht sich alles, wie wir immer wieder sehen, letzten Endes um die Nachkommenschaft. Daher nimmt auch die Verpflegung der kommenden Generation sowie ihre möglichst gute Unterkunft breiten Raum der Fürsorge im Ameisenleben ein.

Da es nun, wie eingangs festgestellt, einige tausend verschiedene Ameisenarten gibt, finden wir in der Art, wie sie ihre Brut mit Nahrung und Schutzraum betreuen, eine große Vielgestaltigkeit.

Wenn ich hier ein Buch für Zoologen schriebe, müßte ich infolgedessen viele Seiten mit Aufzählungen der verschiedenen Nestformen und Verpflegungsarten füllen und beinahe in jedem Fall dann noch Untergruppen und Ausnahmen oft bis zu den einzelnen Ameisen hinab einfügen.

Das ist hier nicht möglich, und deshalb möchte ich einen anderen Weg einschlagen: Wir wollen einige der bekanntesten Ameisen in der Landschaft betrachten, die sie bewohnen und der sie angepaßt sind, und wollen dabei zusehen, wie sie dort die Probleme der Wohnung und Verpflegung meistern.

Dabei ist zunächst folgendes festzustellen: Überall, wo sich Ameisen ansiedeln, müssen einige Grundbedingungen erfüllt sein, die entweder schon vorhanden sind oder wenigstens geschaffen werden können. Zur Verpflegung müssen die Grundstoffe erreichbar sein, auf die auch wir angewiesen sind: Fette, Kohlehydrate und Eiweißstoffe. Die Beschaffung solcher gelehrt klingender Dinge mag schwierig erscheinen; die Mutter, die ihrem Kind zur Schule ein Butterbrot mit Wurst mitgeben kann, löst das Problem aber spielend, und ebenso führen wir uns, ohne an solche wissenschaftlichen Begriffe zu denken, in unseren Mahlzeiten fast immer alle diese Grundstoffe mehr oder weniger gemischt zu: die Fette bekommen wir neben Butter und Schmalz auch in der Milch und im Fleisch und in den Eiern mit, die alle außerdem noch Eiweiß enthalten. Kohlehydrate mit Eiweiß nehmen wir zu uns mit mancherlei Gemüsen, Hülsenfrüchten und Backwaren, deren Mehl, in der Hauptsache aus Stärke bestehend, unsere Verdauungssäfte in verschiedene Zucker umwandeln, sofern wir uns diese Art der Kohlehydrate nicht unmittelbar in Früchten u. dgl. schmecken lassen.

Auf diese letzte Art nehmen auch die Ameisen ihre Kohlehydrate zu sich; daß manche auch fähig sind, Stärke erst in Zucker überzuführen, werden wir später sehen. Bei Fetten und Eiweißstoffen sind die Ameisen meist auf Fleisch angewiesen — Fleisch im weitesten Sinne, wie Insekten, Spinnen und anderes Kleingetier, sofern sie nicht, wie die schon erwähnten Jagdameisen, sich auch an größeres Wild wagen.

Von der Behausung verlangen die Ameisen neben Schutz eine bestimmte Wärme und eine bestimmte Feuchtigkeit, und zwar von beiden je nach den einzelnen Arten nicht zu viel und nicht zu wenig. Daher kommt es, daß je nach der geographischen Region die Schaffung des einen oder die Vermeidung des anderen die größte Sorge ausmacht; in kühlen feuchten Gegenden muß die zu geringe Wärme gefördert und die zu große Nässe gestoppt werden, während sich in heißen trockenen Ländern die Verhältnisse gerade umkehren.

Danach ist dann für die Ameisen die Verpflegung und Behausung ganz verschieden in Waldgebieten, Wiesensteppen und Wüstenländern, und einige solche Fälle wollen wir uns jetzt betrachten.

Waldameisen

Unser deutsches Gebiet wäre ebenso wie ganz Mitteleuropa feuchtes, kühles Waldland, wenn es der Mensch nicht kultiviert hätte; für uns sind also die Waldameisen charakteristisch. Deshalb begannen wir unsere Besprechung mit der Waldameise Formica rufa und wollen deren Bauten hier gleichfalls an den Anfang stellen. Sie errichtet ihre bekannten Hügelbauten in der Hauptsache aus Tannennadeln und kleinen Zweigen, bevorzugt also schon einen *bestimmten* Waldteil, den Nadelwald. Die Haufen sind keineswegs das eigentliche Nest; dieses geht vielmehr weit in den Erdboden hinein, wohin die Waldameisen sich auch im Winter völlig zurückziehen, so daß man schon sehr tief graben muß, um zu ihnen zu gelangen. In der Aufhäufung der Nestkuppel sehen wir also weniger die eigentliche Behausung als vielmehr schon eine Einrichtung, um möglichst viel Sonne und damit Wärme aufzufangen, besonders im kühleren Frühjahr und Herbst. Eine in die Erde hineingebaute Behausung würde der Sonnenbestrahlung nur wenig Angriffsfläche bieten; der Kuppelbau fängt jedoch auch solche Sonnenstrahlen auf, die sonst ungenützt blieben, wie beispielsweise die schrägen Strahlen des Morgens und des Abends. Gerade zu dieser Zeit finden wir dann auch dort die Brut, welche bei allzu sengender Mittagssonne wieder tiefer gestapelt wird (Abb. 19).

Der lockere Kuppelbau hält aber auch die Feuchtigkeit plötzlicher Regengüsse nicht so lange wie der Erdboden selbst; und so sehen wir auch aus diesem Grunde die Arbeiter unserer Waldameise ständig den Haufen vergrößern und immerzu Material herantragen.

Aber auch Nahrung wird dauernd herbeigeschleppt, und zwar alles, was die Umgebung bietet. Kleininsekten, welche die Arbeiter einzeln bewältigen können, oder größere Tiere, die dem giftigen Massenangriff erlagen und nun stückweise heimbefördert werden. Genaue Zählungen ergaben, daß jeden Tag mehrere Tausend meist schädlicher Raupen, Schmetterlinge, Fliegen,

Abb. 19. Nesthaufen der Waldameise (Formica rufa). Die von weit her zusammengetragenen Tannennadeln usw. häufen sich über dem unterirdisch liegenden Hauptteil des Nestes an und bilden dort einen Sonnenspeicher (vgl. Abb. 20).

Käfer und anderes Kleingetier für ein Waldameisennest zur Verpflegung dienen; und es ist verständlich, daß jetzt diese Ameise als nützliche Waldpolizei auch streng *geschützt* ist und neuerdings sogar künstlich angesiedelt wird.

Der einzelne Kuppelhaufen entspricht übrigens fast nie dem *ganzen* Staat; vielmehr gehören dazu eine ganze Reihe verschiedener Haufen, die durch Straßen miteinander in Verbindung stehen. Auch da hat eine genaue Bestandsaufnahme gezeigt, wie groß das Jagdgebiet der Waldameise sein kann. Es dehnt sich über viele

hundert Meter aus, und eine Kartenzeichnung der einzelnen Kern-
nester und abgezweigten Kolonien sieht ganz so aus wie eine weit-
verzweigte menschliche Siedelung. Nach allen Seiten gehen Verbindungswege, die oft auch bis in die Baumwipfel hinaufführen.

Dort auf den Bäumen wird der Zucker gesucht: bei den Blattläusen nämlich. Mit diesem besonderen Problem werden wir uns
indessen erst in einem späteren Abschnitt beschäftigen. —

Waldameisen mit ausgedehnten Wegen und Blattlauszuchten
haben wir auch in den glänzend pechschwarzen Lasius fuliginosus
vor uns, die meist auf langen Straßen hintereinander ausziehen.

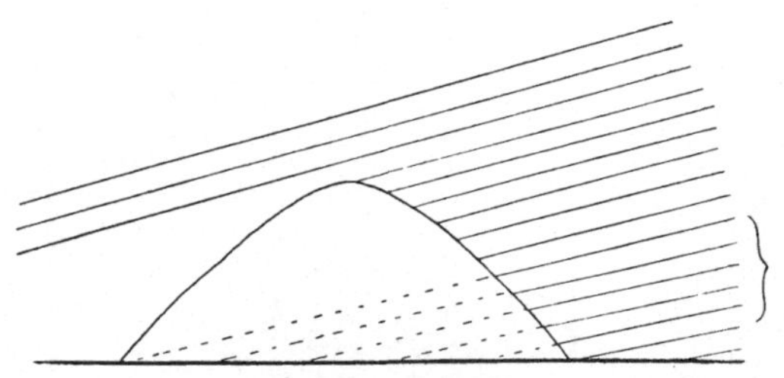

Abb. 20. Die Nestkuppeln der Waldameise als Sonnenspeicher. Bei
tiefem Stand der Sonne würde die von den Ameisen bewohnte Stelle
nur von den punktiert bezeichneten Strahlen erwärmt werden; durch
den Kuppelbau werden wesentlich mehr Sonnenstrahlen für die Erwär-
mung des Ameisenhaufens nutzbar gemacht. (Aus *Frisch*, Aus dem
Leben der Bienen, 2. Aufl. Berlin: Julius Springer 1931.)

Ihr Wohngebiet ist der lichte Laubwald, wo sie in Baumstümpfen
oder unter Wurzeln hausen. In dem morschen Holz graben sie
dort ihre Gänge, vermögen aber noch etwas anderes; das zernagte
Holz wird mit klebrigem Speichel vermischt, und so entsteht eine
Art rauher Karton, der manchmal an die Gebilde der Wespennester erinnert. Solche Kartonnester sind in tropischen Waldgebieten bei vielen Ameisen zu finden und hängen dann oft ähnlich wie die Wespennester frei in der Luft von Bäumen herab.

Auch *die* Ameisengattung baut in anderen Breiten oft Kartonnester, die wir in unseren Wäldern nur als Holzarbeiter kennen:
die Gattung Camponotus, in Deutschland durch die größten
unserer Ameisen, die Roß- oder Holzameisen, vertreten (Abb. 4).
Sie vermag mit ihren scharfen starken Kiefern auch gesundes Holz
anzugreifen und wird deshalb da, wo sie sich in Hausbalken ein-

nistet, oft recht schädlich (Abb. 21). Trotz ihrer Größe ist sie übrigens sehr furchtsam und kommt meist erst des Abends oder des Nachts heraus, um in ähnlicher Weise wie die Waldameise auf Raub oder Blattlausbesuch auszugehen.

Die den Roßameisen nahestehenden Colobopsis-Arten sind völlig an ein Leben *auf* Bäumen selbst angepaßt und legen in Mitteleuropa ihre Gänge meist erst in den oberen Zweigen der von ihnen bevorzugten Nußbäume an. Die neben den Arbeitern

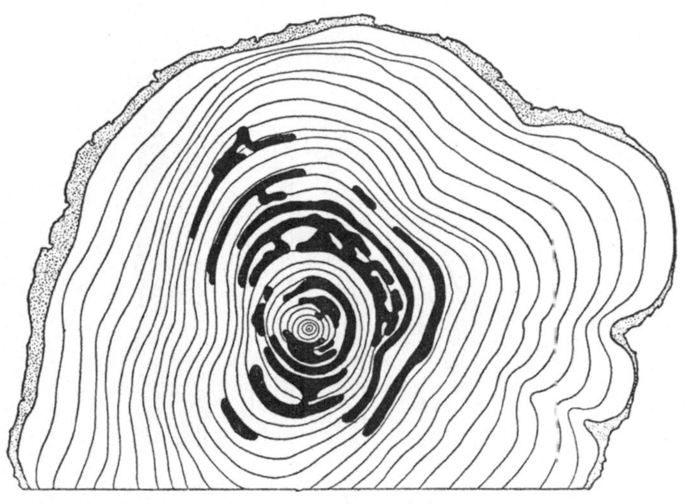

Abb. 21. Querschnitt durch einen Baum mit den Nestgängen der Roßameise Camponotus herculaneus. (Nach *Eidmann*.)

vorkommenden Soldaten sind durch ihre dicken abgestutzten Köpfe sehr gut geeignet, die schmalen, im Holz ausgenagten Wege zu blockieren. Am Nesteingang kommt es so oft zu einer förmlichen „Verstöpselung", wie wir dies in Abb. 22 sehen, noch besonders wirksam dadurch, daß der abgestutzte Kopfteil wie Baumrinde aussieht.

Manche auf Bäumen tropischer Wälder wohnende Angehörige der Gattung Camponotus tun noch etwas, das zunächst ganz rätselhaft erschien: sie spannen (wie C. senex) Blattbüschel mit Fäden zusammen, um so ihr Nest herzustellen, ohne Gänge in Holz ausnagen zu müssen. Diese Gespinstnester, die besonders

von der Gattung Oecophylla aus den Waldungen Südasiens und
der Sundainseln bekanntgeworden sind, waren deshalb so rätselhaft, weil ja die Ameisen gar keine Spinndrüsen besitzen, wie etwa
die Seidenraupen. Wohl aber vermögen auch die *Larven* dieser
Ameisen sich einzuspinnen und so Hüllen oder Kokons zu erzeugen,
die uns ja schon einige Male beschäftigten. Sollten die Ameisen
sich etwa dies zunutze machen?

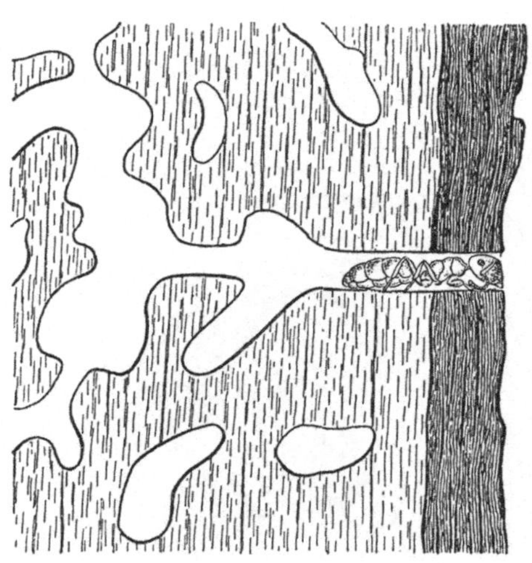

Abb. 22. Baumnest der Ameise Colobopsis truncata. Die „Soldaten"
sind durch dicke Köpfe ausgezeichnet, mit denen sie die Nesteingänge
gleichsam zustöpseln können.

Der Gedanke war zunächst so phantastisch, daß er Ablehnung
fand. Und doch erwies er sich als richtig. Wirklich benützt die
Weberameise Oecophylla ihre Larven als Spinnrocken und Weber-
schiffchen zugleich (Abb. 23a). Wenn es gilt, Blätter zum Nest
zusammenzufügen oder einen Riß auszubessern, so marschiert
erst eine Reihe von Arbeitern heran, um die Ränder der zu ver-
einigenden Blätter einander zu nähern. Zu diesem Zweck packen
sie mit den Kiefern den Rand des einen Blattes, haken sich mit den
Beinen an dem anderen fest und ziehen so die Ränder aneinander
heran (Abb. 23b). Manchmal sollen die so beschäftigten Arbeiterinnen nicht nur in einer einfachen Reihe aufmarschieren,

46

sondern da, wo die Zwischenräume größer sind, eine Kette bilden; sie fassen sich dabei dann mit den Kiefern um die „Taille".

Ruckweise werden nun die Ränder einander näher gebracht. Danach nahen sich von der Innenseite des Nestes her weitere Arbeiterinnen, deren jede eine Larve zwischen den Kiefern trägt (Abb. 23 b, links). Sie pressen sie etwas zusammen — vielleicht wird

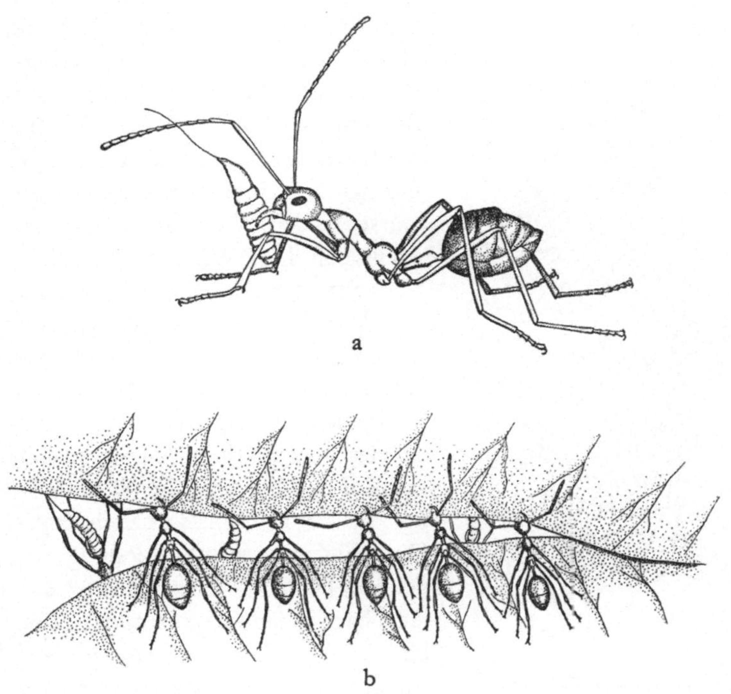

Abb. 23 a u. b. a) Weberameise Oecophylla, mit Larve, die einen Spinnfaden abgibt. b) 5 Weberameisen halten Blätter zusammen; hinter den Blättern 2 andere Ameisen mit Larven. (Nach *Wheeler*.)

dadurch die Tätigkeit der Spinndrüsen angeregt, die hier bei den Oecophylla-Larven außerordentlich groß sind. Danach drücken sie das Vorderende der Larve, das die Austrittöffnung der Drüsen trägt, an den einen Blattrand an und fahren dann mit dem Larvenkopf quer über den Spalt zum anderen Blatt hinüber. Dies wird immerzu wiederholt, und so spannt sich schließlich über den Spalt ein festes Gewebe, dessen Fäden sich vielfach überkreuzen.

Wir haben hier bei der Weberameise den im Tierreich ganz außergewöhnlichen Fall vor uns, daß ein *Werkzeug* benützt wird, ein Werkzeug, das nicht vom eigenen Körper gebildet wird! Also etwas, das man zunächst lediglich dem Menschen zuschrieb und das nur noch bei den höheren Wirbeltieren hie und da einmal wieder vorkommt, wie beispielsweise bei Affen, die mit einem Stein eine Nuß aufklopfen. Mit Hilfe dieses „Werkzeuges" ist die Weberameise befähigt, im Wald und auf Bäumen zu leben und feste Nester herzustellen, ohne wie verwandte Formen im Holz Gänge graben zu müssen, wozu sie gar nicht fähig ist.

Die auf diese Weise hergestellten Nester werden übrigens ihrerseits von den Menschen als ein „Werkzeug" besonderer Art benützt. Die verhältnismäßig großen, 7 bis 11 mm messenden Oecophylla-Ameisen sind äußerst kriegerisch und bissig, so daß sich auf den Bäumen, die sie bewohnen, kein anderes Insekt halten kann. Diese Eigenschaft in Verbindung mit der Möglichkeit, die frei an den Bäumen hängenden Gespinstnester (Abbildung 24) leicht abzuschneiden, haben sich geschäftskluge Chinesen zunutze gemacht: sie umhüllen die Nester mit Gaze u. dgl., schneiden sie ab und hängen sie dann an Bäumen auf, die sie vor Insekten schützen wollen. Es handelt sich besonders um die chinesischen Citrus- und Mandarinenbäume, die von Blattwanzen und anderen Insekten sehr leicht befallen werden. Diese Schädlinge halten die Weberameisen in Schach, so daß der Handel mit solchen Oecophylla-Nestern an manchen Orten schon einen beträchtlichen Umfang gewonnen hat.

Abb. 24. Nest der Weberameise Oecophylla, aus einigen mit den Spinnfäden der Larven zusammengewebten Blättern bestehend. (Nach *Frisch*, Du und das Leben. Verlag Ullstein.)

Auf ganz andere Umgebung als Waldformen sind die Wiesen- und Steppenameisen angewiesen, die wir in unseren zu Kulturland umgewandelten Gebieten allenthalben in Gärten und Feldern antreffen. Sie haben Bäume nicht nötig und bleiben meist auf dem Erdboden. An erster Stelle ist da die Gartenameise Lasius niger zu erwähnen, die ebenfalls oft Hügel baut. Aber diese Hügel sind etwas ganz anderes als die Haufen der Waldameise: sie bestehen in ausgeworfener Erde des Nestes, das oft tief im Boden liegt. Diese Erde häuft sich dann zwischen Grashalmen u. dgl. an, wird auf diese Weise gestützt und dann ebenfalls zur Behausung mit

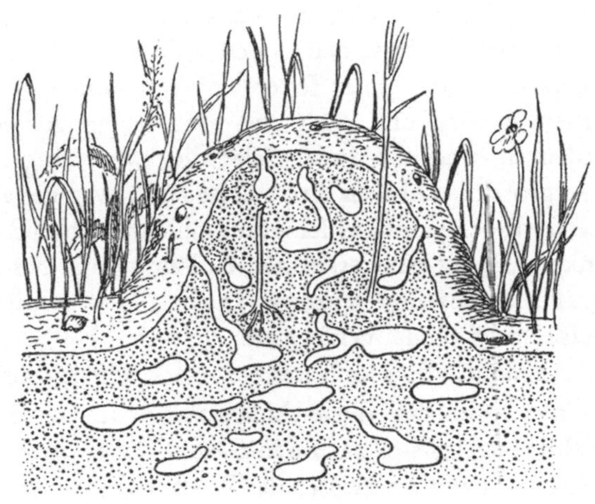

Abb. 25. Nest der Gartenameise (Lasius niger) auf einer Wiese; unten die weit in die Tiefe reichenden Gänge, oben zwischen Grashalmen die von ausgeworfener Erde aufgerichteten Kuppeln, die ebenfalls von Gängen durchzogen sind.

herangezogen (Abb. 25). Meist geht dies jedoch nur kurze Zeit; bei heftigen Regengüssen fällt der Bau sofort zusammen, und starke Austrocknung läßt ihn ebenfalls einstürzen. Daher sehen wir solche Hügel hauptsächlich im Frühjahr, wo sie dann natürlich auch als Wärmespeicher dienen und schräge Sonnenstrahlen auffangen.

Solider gebaut sind die Kuppeln der gelben Lasius-Ameisen, die im allgemeinen auch feuchteres Gebiet bevorzugen, ja sogar

sich in sumpfigen Wiesen oder Mooren ansiedeln. An solchen
Stellen liegen sie dann ständig im Kampf gegen zu große Nässe
und gegen die Überwucherung mit Torfmoosen, die in dem von
den Emsen aufgelockerten Boden gutes Wachstum finden. Daß
sie trotzdem das Feld behaupten, zeigen die vielen, oft eng aneinander stehenden Bauten, die sogar der Landschaft das Gepräge
geben können, wie beispielsweise an einigen Stellen des schlesischen Isergebirges.

Meist spielen in unseren Breiten solche Ameisenlandschaften
allerdings keine große Rolle; in anderen Weltteilen tritt diese ihre
geologische Tätigkeit aber oft so stark hervor, daß man ihr neuerdings größere Aufmerksamkeit widmet. Die in die Tiefe gehende
Grabtätigkeit fördert nämlich oft ganz andere Erdschichten zutage, als sie normalerweise den Boden bedeckt; so kann in manchen Steppengegenden roter fetter Ton von unten her hinaus-
transportiert werden und nach und nach hellen unfruchtbaren
Sand bedecken, und auf diese Weise die kulturfähige Humus-
schicht vergrößern, zumal da durch diese Erdbewegung auch größere Gesteinsbrocken schließlich unterhöhlt werden und so in die
Tiefe sinken. Eine besonders starke Erdbewegung dieser Art ist
in Australien beobachtet worden: Durch die Wegspülung der
heraufbeförderten Erde verringerte sich der Neigungswinkel
mancher Abhänge, die somit weniger stark abfielen als vorher.

Im Kleinen lassen sich solche Umkehrungen der Schichten auch
manchmal bei uns feststellen, wie in Gärten, auf Sportplätzen und
an Straßen; meist zum Leidwesen des Besitzers. Hat er seine Beete,
Plätze und Wege mit einer Schicht guter Erde oder hellen Sandes
bedeckt, so kann es auch hier geschehen, daß von Ameisen das
Untere wieder zuoberst gekehrt und darüber abgelagert wird!
Meist sind es in solchen Fällen neben den Gartenameisen die
kleinen Knoten- und Rasenameisen (Myrmica und Tetramorium),
die mehr oder weniger versteckt leben und sich oft nur auf diese
Weise bemerkbar machen. Nur beim Aufdecken flacher Steine
bekommen wir größere Ansammlungen zu Gesicht; solche Steine
spielen hier die Rolle der Wärmespeicher und veranlassen die
Ameisen, ihre Brut unter ihnen auszubreiten. — Ganz unterirdisch lebt bei uns endlich noch die Ameise, mit welcher wir die
Wiesen- und Steppenregionen beschließen wollen: die sogenannte

Diebsameise Solenopsis fugax. Diese winzigen, oft nur 1½ mm langen Tiere legen ihre Bauten gern in der Nähe anderer Ameisen an und treiben durch den Boden ihres Wohngebietes ständig ganz feine Gänge, gerade so weit, daß sie selbst hindurchkriechen

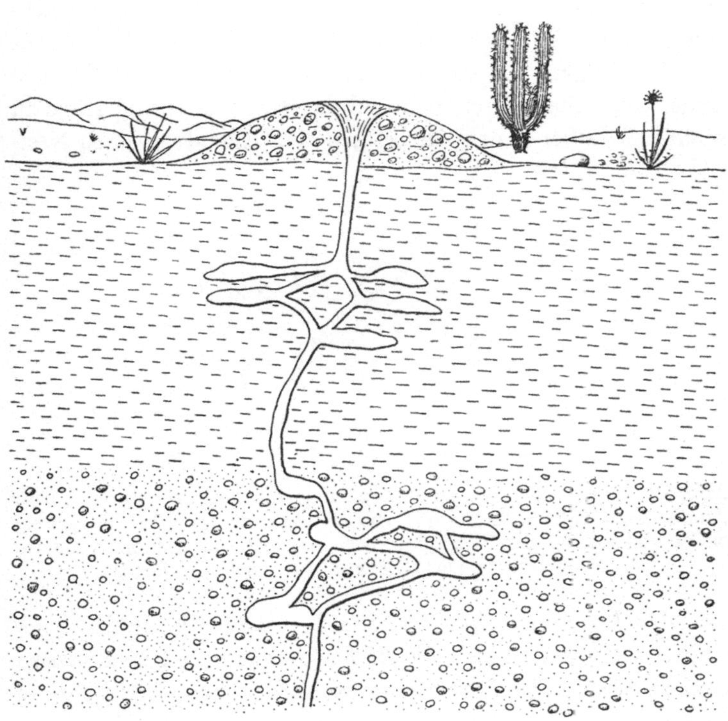

Abb. 26. Kraternester einer Wüstenameise (Pogonomyrmex). Die Gänge gehen tief in den Boden hinab und stehen mit Kammern rechts und links in Verbindung. Die ausgeworfene Erde der verschiedenen Schichten bildet eine kraterartige Erhebung, in der sich *keine* Gänge befinden (vgl. auch Abb. 32).

können. Kommen solche Stollen an Nester großer Ameisen, dann löst sich die Verpflegungsfrage der Solenopsis fugax leicht: sie verzichten darauf, selbst Beute zu suchen und gehen an die Vorräte der anderen, ja sogar an die Brut, die sie an- und ausfressen. Ist dies getan, dann ziehen sie sich in ihre engen Gänge zurück, die wohl sie selbst, nicht aber die Beraubten betreten können.

Manche Solenopsis-Arten der Tropen und Subtropen haben es weniger leicht, ihren Lebensunterhalt zu finden; besonders dann, wenn sie sich bis in Wüstengebiete hineinwagen. Dort beginnen für sie Probleme besonderer Art, mit denen sich *alle* Wüstenameisen herumschlagen müssen. Dies Problem ist hier, Wasser und Feuchtigkeit zu schaffen; die Wärmefrage spielt dagegen keine Rolle, eher gilt es, sich und die Brut vor zu viel Hitze zu schützen. Daher finden wir bei den Wüstenameisen einen Nest-

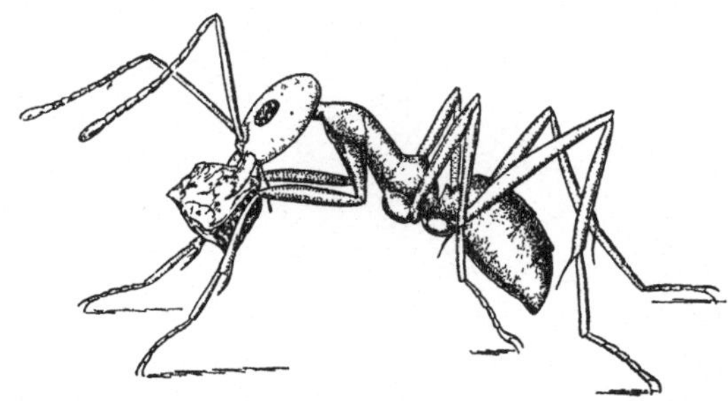

Abb. 27. Chilenische Wüstenameise Dorymyrmex goetschi. Diese Ameise baut Kraternester (vgl. Abb. 26) und dringt dabei manchmal bis zu tiefer liegenden Erzlagern vor, in denen sie Kammern anlegt. Das abgebildete Tier trägt ein Stückchen Kupfererz.

bau ganz besonderer Art. Tiefe Gänge werden in die Erde gegraben, viele Meter hinab, bis die Feuchtigkeit des Grundwassers erreicht wird. Die herausgebrachte Erde häuft sich dann in Gestalt von kleinen Kratern auf, in deren Mitte so wie bei einem Vulkan ein Loch in die Tiefe weist: der Zugang zum eigentlichen Nest (Abb. 26). Die Hügel solcher *Kraternester*, wie sie genannt werden, sind demnach in keiner Weise mit den Kuppeln der Waldameise vergleichbar; sie werden nicht absichtlich durch Zutragen des Materials von weit her erhöht, sondern sind vielmehr Schutthaufen des hinausbeförderten Erdreichs, zwischen dem man dann auch oft anderen Abfall, wie Nahrungsreste und Leichen von Nestgenossen, findet, so wie wir es ja auch schon im kleinen Maßstab bei manchen Wiesen- und Steppenameisen sahen. Oft sind die Abfallhaufen fein säuberlich getrennt; auf der einen Seite die Reste der gefressenen Insekten, auf der anderen die Leichen der

Nestgenossen (Abb. 28); in solchen Fällen entstehen die sogenannten Ameisenfriedhöfe.— Sehr schön konnte man diese Krater-
bauten bei einer lebhaften, leuchtend schwarz und rot gefärbten
Ameise des chilenischen Wüstengebiets, der Atacama, beobachten,
einer Ameise, die deshalb von einem Kollegen nach mir benannt
wurde (Dorymyrmex goetschi), weil ich sie „entdeckte", d. h. erstmalig zur Beschreibung nach Europa brachte.

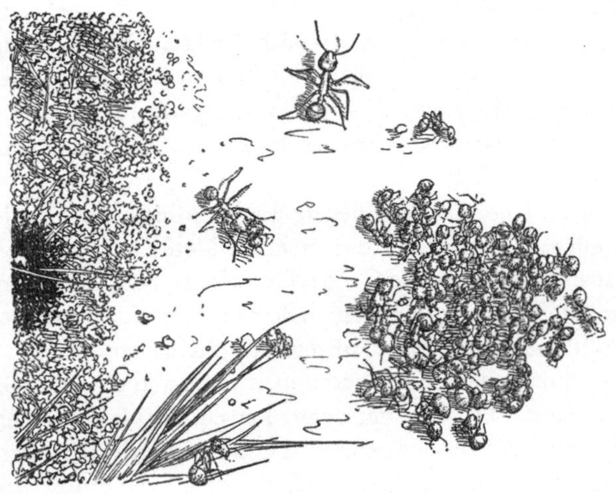

Abb. 28. Sogenannter Ameisenfriedhof. Die Leichen der Nestgenossen
werden nicht verzehrt, sondern aus dem Nest hinausgeworfen und
manchmal auf einen Haufen zusammengetragen, in derselben Weise,
wie dies auch mit anderen unbrauchbaren Dingen geschieht. (Zeichnung
nach Foto.)

Diese Nester haben meist nur einige wenige, oft weit auseinander liegende Eingänge, um die herum das tiefer liegende beweg-
liche Material aufgehäuft wird, so daß eben die Krater entstehen.
Da das Gebiet, welches die Atacama-Ameise bewohnt, sehr erz-
reich ist und oft schon oberflächlich, noch mehr aber in der Tiefe
Kupfer-, Silber- und Goldadern führt, kann man manchmal eine
überraschende Bemerkung machen: man findet in den Kratern
goldhaltige Sandkörner oder sieht die Ameise feine Teilchen tief-
grünen Kupfererzes schleppen (Abb. 27). Die Tiere haben in
solchen Fällen ihre Gänge so tief in den Boden gegraben, daß sie

auf die von außen nicht sichtbaren Erzgänge kamen, von denen sie nun, um ihre Behausungen zu vergrößern, Teilchen für Teilchen nach außen befördern.

Schon im Vorwort wies ich darauf hin, daß *Herodot* von Ameisen berichtet, die Goldkörner trugen. Diese lange Zeit als Märchen bezeichnete Erzählung fand jetzt Bestätigung! Allerdings „weiß" natürlich die Emse nicht, was sie da schleppt; für sie ist das Gold- und Kupfererz nichts anderes als Erde, die hinausbefördert werden muß, damit die Wohnung vergrößert oder vertieft werden kann. Es ist aber durchaus möglich, daß sich der Mensch diese Tätigkeit zunutze machen kann; in den Floridabergen von Neu-Mexiko sollen die Erzgräber den Verlauf von manganhaltigen Adern mit Hilfe solcher Auswurfsmaterialien feststellen, wie eine Zeitungs- notiz kürzlich meldete.

Wie *tief* solche Erzlager liegen, ist allerdings nicht so leicht festzustellen; es kann sich um mehrere Meter handeln. So weit gehen sicher manchmal die Gänge. Sie aufzugraben, war allerdings kaum möglich; das Erdmaterial, in dem die Wüstenameisen bauen, ist entweder zu hart, oder an anderen Stellen zu trocken und staubig, so daß alles immer zusammenstürzt und man die Gänge sofort verliert. Deshalb versuchte ich einige Male, mit einem „Ariadne-Faden" vorzutasten: eine Ameise wurde gefangen, an einen feinen Seidenfaden gebunden und dann wieder losgelassen. Natürlich sauste sie nun sofort ins Nest, und zwar so tief wie möglich, um dem bösen Feind zu entgehen; und so gelang es, dem Seidenfaden folgend, recht tief vorzudringen, oder wenig- stens an der Länge des Fadens festzustellen, wie weit die Ameise lief. Auf Genauigkeit kann eine solche Methode allerdings keinen Anspruch machen!

Die Verpflegungsfrage ist bei der Atacama-Ameise nicht leicht zu lösen. Wir sehen sie deshalb dauernd auf der Suche nach Nahrung, wobei sie mit großer Geschwindigkeit umherrennt. Da man in der kahlen Steinwüste der Atacama ein weites Gebiet überschauen kann, ist es möglich, diese Suchgänge weit zu ver- folgen; in unübersichtlichem Gelände wäre es kaum möglich, da die Ameisen stets einzeln und dabei äußerst rasch in Zickzack- oder Spirallinien dahineilen und fast nie gerade Strecken einhalten (Abb. 47). Auf diese Weise wird das Gelände in weitem Umkreis untersucht; ich fand die Tiere oft 25 Meter vom Nest entfernt. Eine solche Suchmethode ist auch anderen Wüstentieren eigen und deshalb nötig, da nur spärliche Nahrung gefunden wird. Das, was meine Ameisen fanden und eintrugen, war oft schon ganz vertrocknet oder verwittert; stets ließ sich aber feststellen, daß es Reste von Insekten oder anderen kleinen Tieren waren, die irgendwie in die Wüste verweht wurden.

Ähnlich langbeinig und dadurch rasch beweglich ist eine andere Wüstenameise aus Asien, die jetzt auch sehr häufig auf Capri und anderen Mittelmeerinseln gefunden wird, wo sie bei ihrer wohl vor noch nicht langer Zeit erfolgten Einwanderung günstige Verhältnisse antraf. Diese ebenfalls nach ihrem Entdecker Acantholepis frauenfeldi benannte Ameise zeichnet sich durch eine große Erweiterungsfähigkeit des Hinterleibes aus, eine für Wüstenameisen recht wichtige Angelegenheit. Sie können sich dadurch sofort stark vollpumpen, wenn sie irgendwo die im Trockengebiet so seltenen süßen Säfte finden, dann möglichst viel auf einmal heimschleppen und im Nest wieder an die Genossen verteilen (vgl. Abb. 42).

Solche Erweiterungsfähigkeit des Kropfes und Hinterleibes führt dann über zu den sogenannten Honigtöpfen oder Honigträgern, die sich bei manchen Wüstenformen finden. Der Name Honigtöpfe wurde zuerst für einige im Süden des USA.-Staates Colorado lebende Myrmecocystus-Ameisen geprägt, deren Arbeiterstand neben Normalarbeitern eine merkwürdige Abänderung aufweist. Es finden sich im Staat stets eine Anzahl Nestgenossen, welche durch ihren mächtigen, bis beinahe zum Platzen aufgetriebenen Hinterleib auffallen. Diese Dickleiber sind aus normalen Arbeitern hervorgegangen, und zwar dadurch, daß ihr elastischer Kropf bis zur Grenze des Möglichen mit Honig vollgestopft wird. Zur Umbildung eignen sich allerdings nur ganz junge, eben geschlüpfte Arbeiter, deren Haut noch große Dehnungsfähigkeit besitzt. Der Kropf wird so stark gefüllt, daß er den ganzen Hinterleib auftreibt und alle anderen Organe, wie Magen und Darm, so in den Hintergrund drängt, daß man erst glaubte, sie seien überhaupt nicht mehr da (vgl. Abb. 29).

Die Honigträger oder Honigtöpfe sind nun nichts anderes als lebende Magazine. Da die Myrmecocystus-Ameise fast ausschließlich von dem Saft gewisser Gallen lebt, die auf einer Zwergeiche wachsen, ist das Aufspeichern von Vorrat sehr angebracht! Denn die Gallen schwitzen den süßen Saft nur während der ganz kurzen Zeit aus, in welcher sich ihr Erreger, die Larve einer Gallwespe, in ihnen entwickelt. Wollen daher die Ameisen während der übrigen Zeit nicht Mangel an süßen Säften leiden, so müssen sie wohl oder übel Vorräte sammeln. Und da sie nicht wie die Bienen Wachs ausscheiden und Zellen bauen können, müssen einige Kameraden herhalten. Sie werden von den anderen in langen Zügen auslaufenden und den Gallhonig eintragenden Genossen so lange gefüttert, wie sie aufnahmefähig sind. Es ist klar, daß solche unförmig aufgetriebenen Wesen wie die Honigträger sich nicht mehr an den Arbeiten beteiligen, ja überhaupt sich kaum mehr bewegen können. So hängen sie denn die meiste Zeit ihres Lebens unbeweglich in besonderen Kammern, welche durch eine rauhe Decke sich von den gewöhnlichen Kammern unterscheiden, und erscheinen durch den gelblichen Honig in ihrem Hinterleib wie kleine Lampions (Abb. 30).

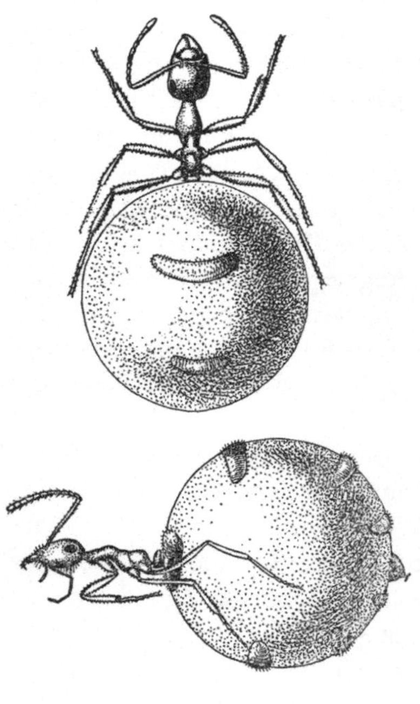

Abb. 29. „Honigtöpfe" von Myrmecocystus. (Nach *Wheeler*.) Einige Nestgenossen werden mit eingetragenen süßen Säften bis beinahe zum Platzen angefüllt, um als Vorratsgefäße zu dienen. Sie werden dann in besonderen Kammern gestapelt (vgl. Abb. 30).

Eine noch nicht so stark entwickelte Form fand ich ebenfalls in der Atacama-Wüste Chiles, allerdings mehr an ihrem Rande, wo noch hohe Säulenkakteen zu wachsen vermögen. Dort lebt eine kleine unscheinbare Ameise (Tapinoma antarcticum), die meist nur dann auffällt, wenn sie mit Sack und Pack aus ihrem

Nest auszieht, um besseres Gelände aufzusuchen. In solchen Zügen kann man dann auch Honigträger mithumpeln sehen, die
hier nicht ganz unbeweglich geworden sind (Abb. 31).

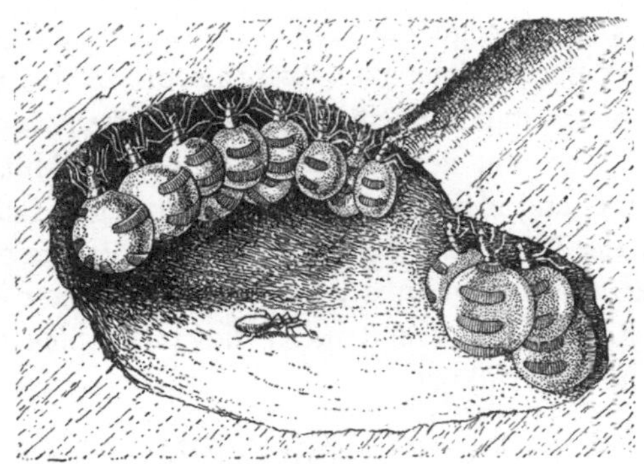

Abb. 30. Aufgehängte Honigtöpfe der Wüstenameise Myrmecocystus.
(Nach *Wheeler* aus *Schmeil*.)

Sie werden übrigens nicht immer mit *Honig* gefüllt; es
wird vielmehr auch Saft von Säulenkakteen in sie hineinge-
pumpt, welchen die anderen, normalen Arbeiter am Grunde
der Kakteenstacheln entnehmen.

Eine Versorgung mit Flüssigkeit
ist für Tapinoma antarcticum eine
Notwendigkeit. Die Tiere legen
am Rande der Wüste nur ober-
flächliche Nester unter Steinen und
dgl. an: sie treiben also nicht
Stollen tief in die Erde hinein,
wie dies die Kraternestameisen
tun, welche auf diese Weise dann
bis zu feuchteren Stellen kommen.
Übrigens sah ich auch Körner
(Grassamen) eintragen, so daß die
Kolonie für Zeiten der Not sich
gut mit Speise und Trank eindeckt.

Außerhalb der eigentlichen Wü-
stenzone, in dem nicht mehr so

Abb. 31. Arbeiter und Wasserträger einer chilenischen Wüstenameise (Tapinoma antarcticum). Diese Wasserträger sind
noch nicht so stark umgebil-
det wie die Honigtöpfe der
Abb. 29 u. 30.

trockenen Gebiet der Strauchsteppe, verändern sich die Tapinoma-Ameisen ein wenig; sie werden kleiner und zeigen nicht mehr so extreme Honigtöpfe und Wasserträger. Wir haben demnach schon innerhalb der einen Art allerlei Übergänge von normalen Arbeitern zu stark umgebildeten Formen und damit gute Mittelglieder der Reihe, welche von Acantholepis (Abb. 42) mit nur stark ausdehnbarem Hinterleib aller Nestgenossen zu den echten extreme Honigtöpfen von Myrmecocystus führt (Abb. 29).

Die Verpflegung mancher Wüstenameisen regelt sich übrigens noch in anderer Weise: durch Aufstapeln von Körnern und Samen. Da wir hier aber in eine neue, sich in ganz anderer Weise entwickelnde Reihe hinübergeraten, sei diesem Problem ein besonderer Abschnitt gewidmet.

Kornkammern und Pilzgärten

Mit der Besprechung der Kornkammern im Ameisenstaat kommen wir zu Dingen, die seit ältesten Zeiten bekannt sind und vielleicht gerade dadurch von allerlei Sagen und Mythen so umrankt waren, daß man zu ihrer wirklichen Deutung erst recht spät kam. Es handelt sich hier um die Ameisen des Königs Salomo, die er in seinen Sprüchen als Vorbild aufstellt: die Ameise, welche Korn einträgt und damit ihre Speicher füllt. Da man nun in Mitteleuropa ein solches Eintragen von Samen nicht beobachten kann, wurde zunächst behauptet, es sei dabei eine Verwechselung unterlaufen, gemeint seien nicht Körner, sondern Ameisenpuppen, bis man schließlich auch schon in Italien, Südspanien, Dalmatien, Ungarn, Griechenland und in der Provence die Körnersammler der Gattung Messor fand, die in langen Zügen Samen eintragen, und beim Aufgraben der meist in Kraterform angelegten Nester auch die Kornkammern selbst entdeckte.

Was mit diesen Körnern dann weiter geschah, das blieb lange Zeit ein Rätsel. Man hatte wohl noch beobachtet, daß die Ameisen die Körner ziemlich wahllos in die oberen Nestgalerien eintragen, wobei oftmals auch Schneckenschalen u. dgl. mitgesammelt werden, daß dort dann eine Sortierung erfolgt, wobei auch eine Art „Dreschen", ein Abstreifen der äußeren Hülle vorgenommen wird (Abb. 33 und 34) — und daß dann die so verarbeiteten Samen in „Kornkammern" etwas tiefer gestapelt liegen.

Da sie in den Kornkammern fast nie zur Keimung kommen,
nahm man nun an, daß die Ameisen diese Keimung *künstlich* ver-
hinderten. Eine zweite Meinung wiederum ging dahin, daß eine
Keimung im Gegenteil nicht verhindert, sondern sogar hervor-
gerufen wurde. Man findet nämlich oft außerhalb des Nestes
Körner, die dort in Keimung übergehen und dann von den Tieren
wieder eingetragen werden. Wenn manchmal um das Nest herum

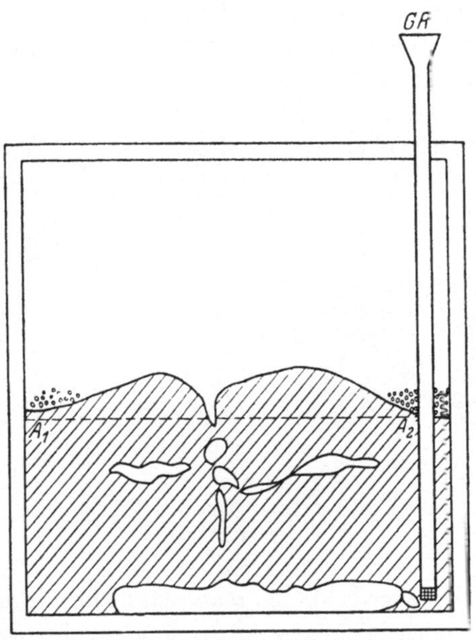

Abb. 32. Rahmennest zur Beobachtung der Bauarbeiten von Ameisen.
In einem von vorn und hinten mit Glas bedeckten Rahmen von
35 × 35 cm sind körnersammelnde Ameisen angesiedelt. Ein Glasrohr *Gr* dient dazu, die Erde von unten her zu befeuchten. A_1—A_2 bezeichnet die ursprüngliche Erdoberfläche, bevor die Tiere ihre Schächte
aushoben. Bei A_1 und A_2 Abfallhaufen. Ein solches Kunstnest stellt
einen Querschnitt durch den Bau eines Kraternestes dar (vgl. Abb. 26).

auf Abfallstätten Haufen abgebissener Keimlinge lagen, galt dies
als Zeichen dafür, daß die Ameisen bei ihrem Getreide absichtlich
einen Mälzungsprozeß einleiteten, so, wie es die Brauer tun, um
die dadurch in Zucker verwandelte Stärke zu genießen.

Schließlich wurde den Körnern noch eine ganz andere Bedeu-
tung zugesprochen. Die geschälten und gekeimten Körner sollten

wenigstens teilweise zu teigartigen Massen verarbeitet werden,
um schließlich ebenso wie die trockenen Samen in der Sonne
einen Dörrungsprozeß durchzumachen. Durch diese Dörrung sollte
endlich eine „Sterilisation" dieser „Ameisenkrümel" stattfinden,
damit nur ein bestimmter von den Ameisen „gewünschter" Pilz
wuchern kann, u. dgl. mehr. Andere Forscher nahmen eine weniger
komplizierte Zubereitungsart an; aber überall war man auf Vermutungen angewiesen, niemand hatte die Ameisen Körner fressen sehen.

Diese widersprechenden Annahmen zu klären, war sofort mein
Bestreben, als ich auf diese eigenartigen Tiere aufmerksam geworden war und dann keine genü-
gende Auskunft über sie erhalten
konnte.

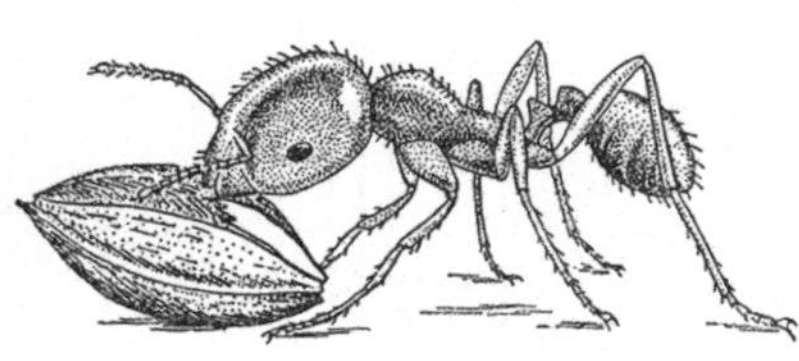

Abb. 33.   Abb. 34.

Abb. 33 u. 34. Körnersammelnde Ameisen (Messor) beim Entspelzen
von Samen.

Es zeigte sich aber bald, daß man sich nicht mit den einzelnen
Lebensäußerungen begnügen durfte, sondern sich weitgehend in
die Biologie und Psychologie dieser Ameisen vertiefen mußte;
denn oftmals gaben scheinbar abseits liegende Beobachtungen
den Schlüssel zur Deutung.

So brachte beispielsweise erst das Studium der Bauarbeiten
Aufschluß über die hier in Betracht kommenden Fragen. Die
Bautätigkeit ließ sich besonders gut in beiderseits mit Glaswänden
versehenen, aufrecht stehenden Gipsrahmen beobachten, die von
oben und von der Seite nach Bedarf befeuchtet werden konnten
(Abb. 32). Es zeigte sich, daß derartig befeuchtete Erdpartien bei
unbeschäftigten Tieren stets den Bautrieb auslösten. War dies
geschehen, so arbeiteten die Tiere äußerst fanatisch und warfen
dabei selbst die der Erde beigegebenen Körner mit hinaus. Auf

unbeschäftigte Tiere wirkte der Eifer sofort so ansteckend, daß sie sich an der Arbeit beteiligten. Eine Arbeitsteilung nach der Größe der Nesteinwohner ließ sich dabei nicht feststellen; die gerade bei den Messorarten feststellbaren großen „Soldaten" waren mit gleichem Eifer tätig wie die kleinen Arbeiter und trugen stundenlang durchschnittlich alle zwei Minuten Erdbrocken aus dem Schacht.

Wenn man den Ameisen außerhalb des Nestes Körner vorlegte, arbeiteten sie ebenso fanatisch wie beim Bau, und trugen dauernd die Samen ein. Brachte man Insassen eines Nestes dazu, gleichzeitig zu bauen und zu sammeln, so kümmerten sich die einzelnen Arbeitsscharen niemals umeinander. Und da beide mit größtem

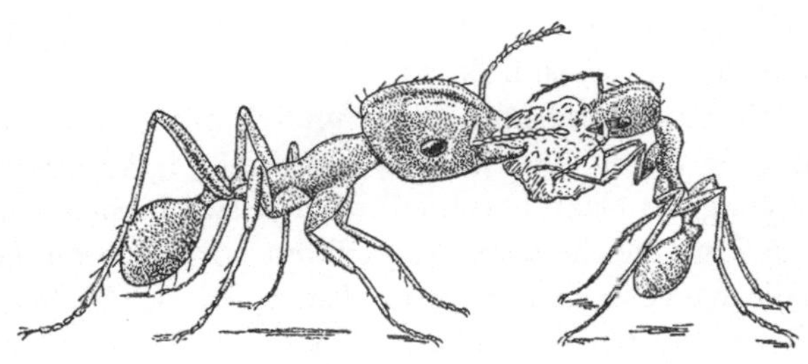

Abb. 35. Arbeiter und Soldat von körnersammelnden Ameisen (Messor) beim gemeinsamen Zerkauen von Sameninhalt („Kaugesellschaft" zur Herstellung von „Ameisenbrot").

Eifer schafften, konnte es vorkommen, daß die Körner von der einen Arbeitsschar eingeschleppt, von der anderen heraustransportiert wurden.

Da nun bei feuchtem Boden gebaut, bei Trockenheit eingetragen wird, konnte so die unrichtige Annahme entstehen, die Ameisen trügen die Körner zum Keimen ins Nasse, um einen Mälzungsprozeß einzuleiten, der durch Trocknen dann wieder aufgehalten oder verhindert würde.

Weitere Versuche zeigten, daß eine derartig komplizierte Verarbeitung ganz unnötig ist. Es werden sowohl gekeimte wie ungekeimte Samen verwertet, *sofern nur deren Öffnung möglich ist.* Kommt man den Tieren durch Zerquetschen oder Anbohren der Körner zu Hilfe, so werden von der zugänglichen Stelle aus auch sonst vernachlässigte Samen entleert. Gekeimte Samen werden vom Keimloch aus verarbeitet; bei Bearbeitung von gequetschten und gekeimten Stücken werden die ersteren bevorzugt. Die Keimung hat demnach nur den Vorteil, daß die Ameisen leichter zum Sameninhalt gelangen.

Die weitere Verarbeitung ist dann allerdings komplizierter. Der Sameninhalt wird nämlich meist von vielen Tieren gemeinsam oft stundenlang zerkaut („Kaugesellschaft") (Abb. 35). Auf diese Weise entsteht das „Ameisenbrot", das sofort verzehrt wird oder dann, wenn zuviel vorhanden ist, in die Vorratskammern kommt. Bei diesem gemeinsamen Zerkauen, das sich auch bei der gern genommenen tierischen Nahrung beobachten läßt, tritt reichlich Speichel aus, und das Zerkauen wie das Bespeicheln bewirkt die Umbildung der Stärke in Zucker, wie sich durch chemische Methoden nachweisen ließ.

Durchkauung des Sameninhalts muß demnach eine ganze Menge Zucker liefern, und das so hergestellte „Ameisenbrot" ist somit ein gutes Nahrungsmittel für die Erwachsenen sowohl wie für die Brut, welche damit aufgefüttert wird. Vermutlich kann auch die in eine Zuckerart verwandelte Stärke bei der Bearbeitung gleichzeitig verflüssigt und dann im Kropf der kauenden Tiere gespeichert werden. Die unmittelbare Beobachtung zeigt jedenfalls, daß das Ameisenbrot beim Zerkauen immer weicher wird und bis auf kleine Reste verschwindet.

Die Verwertung der Samen bei den Körnersammlern ist demnach viel einfacher, als man sich vorstellte, und ebenso einfach löste sich die Frage, warum frühere Beobachter nie gesehen haben, daß die Messor-Ameisen die Körner fraßen: sie hatten ihre Tiere in den Beobachtungsnestern zu *gut* behandelt, insbesondere zu liebevoll gefüttert! Wenn man nämlich diesen Ameisen Zucker, Honig u. dgl. *unmittelbar* gibt, dann haben sie es gar nicht nötig, erst Samen zu öffnen; sie tragen sie wohl ein, kümmern sich dann aber nicht mehr darum. Genau so ist es in der freien Natur, wo das Korn in den Kammern auch nur als Vorrat für die kühle Regenzeit oder den trockenen heißen Sommer dient, wenn die Beschaffung anderer Nahrung, zu denen auch hier Insekten gehören, unmöglich oder wenigstens schwierig wird.

In Süd- und Mittelamerika bis hinein nach Texas leben körnersammelnde Ameisen, dort der Gattung Pogonomyrmex zugehörig, um die sich ebenfalls eine Sage gebildet hatte. Es wurde behauptet, sie *pflanzten* sogar ihr Getreide, um immer in nächster Nähe die Gräser zu besitzen, deren Samen sie eintragen. Tatsächlich findet man auch manchmal um die Krateröffnungen herum Gräser üppig wachsend, und zwar gerade eben die von den Ameisen bevorzugten Sorten.

Auch dieser Getreidebau erwies sich als Fabel und ließ sich vielmehr auf Mangel an Einsicht und Vorsicht denn auf Absicht zurückführen: Die Gräser sprießen aus den in Nestnähe *verlorenen* Samen heraus sowie aus den beim Bauen wieder *herausgeworfenen* Körnern, die auf diese Weise dann *unabsichtlich* in gutes Erdreich kommen können. —

Von den Vorratskammern der Körnersammler ausgehend, lassen sich die Eigentümlichkeiten der *Pilzzüchter* verstehen, welche eine der höchsten Stufen der Ameisenstaaten einnehmen. Wir hatten schon bei den Messor-Arten gesehen, daß die Samen oft erst zu einer krümeligen Masse, dem „Ameisenbrot", verarbeitet werden, das denn manchmal nicht sofort verwertet, sondern gestapelt wird. Wenn wir uns nun vorstellen, daß auf solchen beiseitegelegten Krümeln Pilze wuchern und nun nicht mehr die Krümel, sondern die Pilze gefressen werden, dann sind wir schon einen Schritt weiter gekommen. Wenn die Ameisen schließlich auch pflanzliches Material eintragen, das niemals unmittelbar zur Nahrung dienen kann, und dadurch die krümelige, von Pilzen durchwachsene Masse verstärken, haben wir uns den echten Pilzzüchtern bereits sehr genähert. Tatsächlich schleppen auch schon die Messor-Arten oft Stücke von Blättern sowie Stengel und Stiele von Pflanzen ein, wenn sie in ihrer Sammelwut keine geeigneten Samen finden; zur eigentlichen Pilzzucht sind sie jedoch noch nicht gekommen und ebensowenig die spanischen Aphaenogaster-Ameisen, die ich gelegentlich Blätter schneiden und eintragen sah.

Ameisen in Süd- und Mittelamerika — nur dort — haben dann den Schritt zur Pilzzucht getan. Sie stellen aus den eingetragenen, zerkauten Blättern eine Art von „Mistbeeten" her, in denen dann Pilz-Fäden, „Mycelien", wuchern. Man spricht daher von den „Pilzgärten" der Ameisen.

Die Art und Weise, wie dies geschieht, ist schon oftmals untersucht worden, was nicht wundernimmt; denn in den tropischen

Gegenden von Süd- und Mittelamerika drängt sich ihre Tätigkeit förmlich auf, und der Schaden, den sie anrichten, ist beträchtlich. Die verschiedenen Atta- und Acromyrmex-Arten sind relativ große Ameisen mit allen Übergängen von Kleinarbeitern bis zu Groß-soldaten (Abb. 36); sie ziehen stets in langen Zügen aus, des Tags und auch besonders des Nachts, und wandern zu einem Baum oder einem Strauch hin. Dort angelangt, beginnen sie mit ihren scharfen Kiefern Stücke aus den Blättern auszuschneiden; Blattschneider-

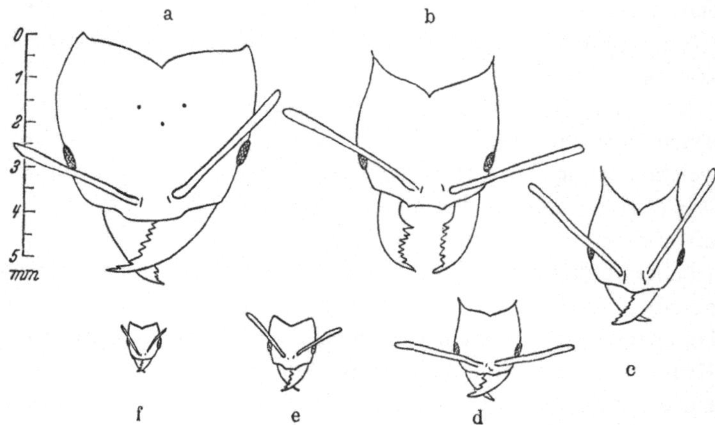

Abb. 36. Köpfe der pilzzüchtenden Ameise Atta columbica. a) Groß-soldat (Gigant), mit Andeutung der bei den Weibchen vorhandenen Stirnaugen, die hier den übrigen Arbeitern und Soldaten fehlen (vgl. auch Abb. 10). b) Soldat. c) bis e) Kleinsoldaten, Übergangsformen, Arbeiter. f) Kleinste Arbeiter.

ameisen hat man sie deshalb auch genannt. Während immer neue Scharen zuwandern, begeben sich die ersten in langer Kette schon wieder ins Nest, und jedes Tier hält sein Blattstück wie einen Sonnenschirm über den Kopf (Abb. 37a). Wir verstehen nach dieser Beobachtung, daß sie von den Einheimischen deshalb auch als „Schlepper" oder „Schleppameisen" bezeichnet werden.

Man hat sich auch hier lange Zeit vergeblich gefragt, was die Ameisen, die doch sonst eine ganz andere, bessere Nahrung gewohnt sind, mit den nährstoffarmen Blättern anfangen. Die richtige Lösung wurde zunächst vorausgeahnt und dann durch gründliche Untersuchungen geklärt.

Die Schleppameisen nähren sich keineswegs von den Blättern
selbst. Sind die Blattstücke ins Nest geschafft, so werden sie
vielmehr in ähnlicher Weise zerkaut, wie dies bei den Samen der
Körnersammler geschieht (Abb. 37b). Die einzelnen Teilchen
werden dann zusammengefügt zu einem lockeren Gewebe, das
einen von Gängen und Hohlräumen durchsetzten, schwamm-
artigen Körper bildet: die sogenannten Pilzgärten, welche stets
in besonderen Kammern der tief in die Erde eingebauten Ameisen-
behausung zu finden sind. In diesen Pilzgärten oder Mistbeeten
wuchern, wie schon gesagt, Pilz-Fäden oder Mycelien (Abb. 38).
An ihnen können sich, durch Abbeißen der Mycelien, kleine Köpf-

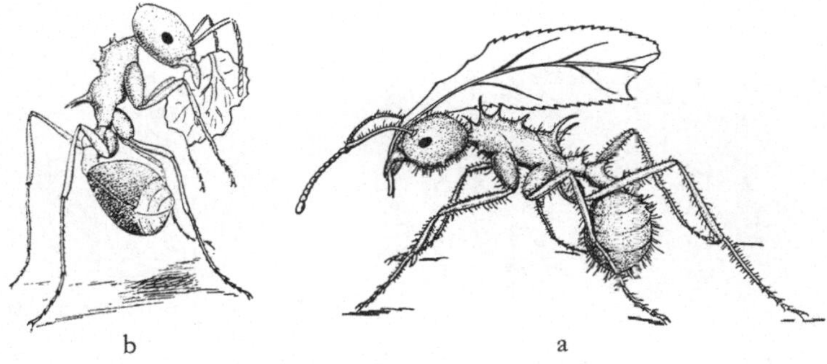

Abb. 37a u. b. Blattschneiderameise (Acromyrmex) beim Einschleppen
eines abgeschnittenen Blattstückes (a), das im Nest zerkaut wird (b).

chen bilden, die man als „Kohlrabi" oder poetischer „Ambrosia"
bezeichnet hat (Abb. 39). Diese Köpfchen sowohl wie Büschel
des Pilzgeflechts dienen den amerikanischen Atta- und Acromyrmex-Arten vorzugsweise als Nahrung, insbesondere für die
Brut, da sie, wie wir jetzt wissen, in weitem Maße wichtige Vitamine u. a. Wirkstoffe enthalten. Man hatte bis vor kurzem geglaubt, es handele sich bei den Ameisen-Pilzen um Arten, die nur
bei den Blattschneidern vorkämen, um Hutpilze der Gattung
Rhozites. Dies ist keineswegs der Fall. Die Pilz-Gattung Hypomyces, die in den Mistbeeten wuchert, kommt auch an anderen
Stellen vor, und wächst als Halbschmarotzer z. B. auf unseren
Stein- oder Herren-Pilzen. Es war uns daher auch möglich, aus
solchen Hypomyces-Pilzen von Breslau Pilzgärten herzustellen,

die in unseren künstlichen Ameisen-Nestern von den südamerikanischen Blattschneidern angenommen und weiter gepflegt wurden.

Auch über die Pflege der Pilzgärten machte man sich etwas
übertriebene, *menschliche* Vorstellungen. Es sind keineswegs bestimmte Gärtner-Ameisen nötig, um die Mistbeete von Unkräu-
tern zu reinigen. Die *Zucht-Pilze* wachsen nämlich gut auf den
zerkauten, durchspeichelten Blättern; die verderblichen Schim-
mel-Pilze dagegen, von einigen Ausnahmen abgesehen, *nicht*.
Werden von den Ameisen allerdings keine zerkauten, durchspeichelten Blattstücke an die Mistbeete angesetzt, dann können
sofort schädliche Pilzfäden zu langen Schläuchen auswachsen.
Solche Mistbeete sind unbrauchbar.

Abb. 38. Pilzgarten der Blattschneider-
ameisen (Atta). (Nach *Frisch*, Du und
das Leben. Verlag Ullstein.)

Abb. 39. Gezüchteter Pilz
mit „Kohlrabiknöllchen",
dem Futter der Blattschneiderameisen (Atta). (Nach
Frisch, Du und das Leben.
Verlag Ullstein.)

Bei brasilianischen Atta- und argentinischen Acromyrmex-
Arten ist auch die Methode in allen Einzelheiten bekanntgeworden,
durch welche der Pilz von Kolonie zu Kolonie verpflanzt und als
Erbteil der folgenden Generation mitgegeben wird: Die Königin,
die sich zum Hochzeitsflug vorbereitet, nimmt stets kleine Pilz-
portionen des Muttersitzes mit, und zwar in einem taschenartigen
Gebilde unter dem Mundraum. Ist sie im Hochzeitsflug befruchtet
worden und hat sich in ihrer Gründungskammer eingemauert,
dann gilt ihre erste Sorge dem Pilz. Sie würgt ihn aus und beginnt
ihn zunächst zu *düngen*. Das kann sie nur mit dem von ihr selbst
abgegebenen Kot; etwas anderes steht ihr nicht zur Verfügung.
Und so reißt sie kleine Stückchen des Pilzgeflechtes ab, hält sie
an ihre Hinterleibsspitze und läßt nun einen Kottropfen darüber

fließen. Das so gedüngte Stückchen wird darauf wieder abgelegt und ein neues auf dieselbe Weise gedüngt, und so wächst nach und nach ein kleiner Pilzgarten heran (Abb. 40).

Aber auch eine Ameisenkönigin kann die Gesetze des Stoffwechsels nicht umstoßen; irgendwoher muß sie sich selbst Nahrung verschaffen, um den Pilzgarten düngen zu können. Sie tut es in der Weise, wie wir es auch schon bei anderen jungen Königinnen kennengelernt haben; sie *frißt* von den Eiern, und zwar 90% oder sogar mehr, um sich zu ernähren und um im Darm genügend Substanz zum Düngen des Mistbeetes zu bekommen.

a   b

Abb. 40a u. b. Junges Weibchen der Blattschneiderameise Atta sexdens mit Pilzzucht. (Erste Anlage des Pilzgartens.) a) Die junge Königin führt einen Pilzflocken zum After, um ihn zu düngen. b) Der gedüngte Pilzflocken wird dem Pilzgarten wieder eingefügt. (Aus *Escherich.*) Diese Aufnahme von J. Huber gehört zu den ersten Fotos, die von Ameisen gemacht wurden; sie wird deshalb hier auch aus historischen Gründen reproduziert.

Auch die ersten Kleinarbeiter, die sie aus den restlichen Eiern aufzieht, müssen zunächst von den Eiern leben; sie helfen aber der Stammutter sofort und düngen ihrerseits den Pilzgarten. Wenn dann die ersten Kohlrabiköpfchen entstehen, hat die Notlage ein Ende; nach acht bis zehn Tagen bahnen sich die Arbeiter einen Weg ins Freie und fangen mit Blattschneiden an. So wächst dann der Pilzgarten, liefert sein Gemüse, und die entlastete Königin kann nunmehr alle Eier zur Entwicklung bringen. Die immer neu entstehenden Helfer erweitern schließlich das Nest nach allen Richtungen und beginnen ihre für den Biologen so interessante, für die befallenen Bäume so schädliche Arbeit.

Das, was bei den Blattschneiderameisen und ihrer Pilzzucht so besonders interessant erscheint, ist neben der hohen staatlichen

Kultur noch folgendes: Sie bringen es fertig, nährstoffarmes Material, das sich aber in Mengen bietet, so umzuwandeln, daß es für sie brauchbar wird, und zwar in solchem Maße, daß ihre Staaten nur gerade das stets in Hülle und Fülle vorkommende Blattmaterial des Urwalds einführen müssen, von Erfolg oder Mißerfolg irgendwelcher Jagdzüge und damit der Einfuhr von Fleisch oder anderer hochwertiger Nahrung unabhängig sind. Sie haben sich also auf eine Art Autarkie eingestellt, bei der mehr oder weniger Wertloses in Lebenswichtiges umgewandelt wird — also das durchgeführt, was die menschlichen Staaten in der Planung ihrer Wirtschaft bezwecken.

Aber nicht nur in der „Wirtschaftsführung" stehen die Atta-Ameisen mit an der Spitze staatlicher Einrichtungen, sondern auch in der Wehr- und Bevölkerungspolitik, um hier ebenfalls an menschliche Verhältnisse anzuknüpfen. Alle Nestgenossen sind gut gepanzert und mit Stacheln und Dornen überall am Körper so stark besetzt, daß auch ein „Angreifen" im wahren Wortsinn sehr unangenehm ist (Abb. 36 und 37). Die Soldaten, die in verschiedenen Größen auftreten, besitzen sehr starke Waffen in ihren mächtigen Kiefern (Abb. 36), so daß sie selbst den Menschen blutende Wunden beibringen können.

Und an Einwohnerzahl übertreffen die Atta-Nester alle übrigen Staaten. Ihre Königin gehört unbedingt zu den „Kinderreichen", sogar unter den Ameisen; sie ist es auch, welche in einem Jahr die schon erwähnten riesigen Zahlen von 3500 geflügelten Weibchen und 35 000 Männchen zur Welt brachte, also beinahe 40 000 Nachkommen allein an Geschlechtstieren, die ja nur einen geringen Prozentsatz der übrigen Kinder darstellen. Man muß infolgedessen einen Atta-Staat auf einige Millionen von Einwohnern schätzen.

Daß solche Riesenstaaten da, wo sie in Massen nebeneinander auftreten und nun Kaffee- oder Matekulturen entblättern, dem Menschen großen Schaden tun, leuchtet ohne weiteres ein. So sehr der Biologe auch ihre staatlichen Einrichtungen bewundert: von den Kaffeepflanzern Südbrasiliens sind sie gerade infolge ihrer hochentwickelten, schwer angreifbaren Organisation als „Staatsfeind Nr. 1" erklärt worden. Ein rücksichtsloser Kampf ohne Gnade setzte bereits ein, ohne allerdings bis jetzt zur Eindämmung dieser Ameisenplage zu führen.

Blattlauszucht und Blütenbesuch

Neben den Körnersammlern und Pilzzüchtern sind es vor allem die Blattlaus besuchenden Ameisen, die eine hohe Stufe staatlichen Lebens erreicht haben. Auch bei ihnen läßt sich eine Reihe immer fortschreitender Vervollkommnung feststellen, und auch bei ihnen gilt es, Wahres und Erdichtetes auseinanderzuhalten. Im Endglied der Entwicklungsreihe haben wir sicher eine völlige Einstellung der Partner aufeinander vor uns, und auch die bekannten Beziehungen unserer Gartenameisen zu den Blattläusen sind schon recht eng. Wenn allerdings vielfach geglaubt wird, unsere Gartenameisen trieben die Blattläuse gewissermaßen wie Vieh auf die Weide oder brächten sie auf die Bäume und Sträucher hinauf, so ist dies ein Irrtum.

Die großen Ansammlungen von Blattläusen, die zu dieser Anschauung Anlaß gaben, entstehen nämlich auch ohne Ameisen. Aus überwinternden Eiern entwickeln sich im Frühjahr Blattlausweibchen, die ohne jede Befruchtung einer großen Zahl von Nachkommen das Leben schenken. Es ist beobachtet worden, daß eine solche Mutter am Tag 20 Junge und mehr gebiert, und zwar gleich als entwickelte kleine Läuse, die bei den Alten sitzenbleiben. So können an einer günstigen Stelle schon in vier Tagen 80 bis 100 Blattläuse versammelt sein, wo vorher ein einziges leicht übersehbares Weibchen saß; und alle sind eifrig mit dem Saugen der Pflanzensäfte beschäftigt, deren Überschuß, wie wir sehen werden, den Ameisen zugute kommt.

Die Ameisen wiederum finden ihr geliebtes Melkvieh dann auf die später noch näher zu beschreibende Art: Eine Sucherin gelangte auf ihren Erkundungswegen nach dort, kehrte heim und alarmierte, und auf der dabei gelegten Spur strömte es dann zu der neuen Futterstelle. Hätten wir den Zweig mit der sich entwickelnden Lausversammlung unten mit einem Leimring umgeben, so wäre keine einzige Ameise nach dort gekommen; die Blattlauskolonie säße aber trotzdem dort!

„Aber man sieht doch manchmal Ameisen Blattläuse tragen?" wird ein aufmerksamer Beobachter vielleicht einwenden. Mit Recht sogar! Aber wenn er ganz genau beobachtet hätte, würde er bei unseren Garten-, Wald- und Holzameisen gesehen haben, daß der Transport nicht *aufwärts* am Stamm oder Zweig nach der Blattlausversammlung *hin*, sondern im Gegenteil von dort *abwärts* ins Nest erfolgt! Und weiterhin könnte er feststellen, daß die Laus meist tot oder halbtot ist. Die erwähnten Ameisen benützen die Läuse nämlich nicht nur als Melkvieh, sondern oft auch zur Deckung des Fleischbedarfes.

Mit dieser Feststellung sind wir schon einen Schritt weiter in der Erklärung, wie das innige Verhältnis zwischen Emse und Laus zustande kam.

Die Ameisen sind, wie wir schon sahen, fast ohne Ausnahme Allesfresser; alle haben, kurz gesagt, Fleisch und Zucker nötig. Den Fleischbedarf decken sie, wie wir bereits feststellten, meist aus der Gruppe der Insekten, sei es, daß sie tote Tiere ins Nest schleppen oder lebende angreifen und überwältigen. Genügt das Erjagte oder Erbeutete nicht, dann bleibt immer eine Reserve: sie scheuen sich nicht, auf die eigene Brut zurückzugreifen, wie dies ja auch das gründende Weibchen tut. Der Zuckerbedarf ist oft schwerer zu decken; man muß den Zucker nehmen, wo man ihn kriegt, sei es auf dem Umweg über die Stärkeumwandlung, wie es die Körnersammler tun, oder auch aus stark verdünnter Lösung, wie sie manche Pflanzen bieten.

Abb. 41.
Gartenameisen (Lasius niger) bei Blattläusen.

So sehen wir besonders im Frühjahr die Ameisen die Blüten besuchen, um von dort, wie die Bienen, den süßen Nektar einzutragen. Auch die sogenannten Blattnektarien werden ausgebeutet, jene eigenartigen, napfförmigen Organe, durch welche Traubenkirschen, Passionsblumen u. a. Pflanzen am Blattstiel süße Säfte ausscheiden. Auf der Suche nach solchen Zuckersäften kommen dann die Ameisen auch an manche Insekten, die süße Stoffe abscheiden, wie einige Zikaden, und schließlich zu den Schild- und Blattläusen. Gerade dort fanden sie nun Zuckersaft in stark konzentrierter Lösung. Die Blattläuse oder Aphiden besitzen nämlich ebenso wie die vorher genannten Insekten einen Saugrüssel, der bei ihnen sehr lang ist. Er erreicht oft die Länge des eigenen Körpers oder übertrifft sie sogar, und dadurch können sie besonders gut die verschiedenen Pflanzenteile anstechen und deren Saft aussaugen, und zwar so stark, daß sie gar nicht alles selbst verwenden können. Nur ein geringer Teil wird wirklich verbraucht; der Rest tritt in eingedicktem Zustand als klarer, süßer Tropfen an der Hinterleibsspitze wieder aus. Sind keine Ameisen da, um ihn aufzunehmen, so fließt dieser Saft über die Blätter oder wird weithin gespritzt, so daß es manchmal von den Bäumen förmlich herabregnet. Es leuchtet ohne weiteres ein, daß dies für die Emsen im wahren Sinne des Wortes ein „gefundenes Fressen" ist; und so sehen wir sie auch schon oft den verspritzten Blattlaushonig auflecken, ehe sie zu den Erzeugern selbst kommen, um ihn dort gleich an Ort und Stelle in Empfang zu nehmen. Und wenn sie dort nicht sofort etwas finden, dann benehmen sie sich so wie bei einer Nestgenossin, welche sie um Futter anbetteln: sie betrillern die Laus mit den Fühlern und lecken den austretenden Tropfen auf.

Unmittelbar am After! Es läßt sich dies weder verheimlichen, noch umschreiben! Denn es sind nicht die feinen, bei manchen Blattläusen zu findenden Röhrchen, die auch jetzt noch manchmal als eine Art „Euter" betrachtet werden. Diese Röhrchen scheiden vielmehr einen Abwehrstoff aus, einen Abwehrstoff gegen Feinde und auch gegen die Ameisen!

Damit sind wir einen weiteren Schritt zur Erklärung des gegenseitigen Verhältnisses vorwärts gekommen; die Läuse wehren sich wirklich oft gegen die Emsen und haben dies manchmal auch sehr nötig. Es sind nämlich keineswegs alle Ameisen auf Blattläuse eingestellt, oder wenigstens nicht auf alle Arten. Bringt man Tiere zusammen, die nicht aneinander gewöhnt sind, so macht man oft überraschende Erfahrungen. So legte ich beispielsweise der schon verschiedentlich angeführten italienischen Pheidole-Ameise Blattläuse vor. Die hungrigen Arbeiterinnen kümmerten sich zunächst nicht um die ihnen unbekannten Tiere; sie wichen sogar vor ihnen zurück, sooft es einen Zusammenstoß gab. Schließlich wurde aber der Ekel, den man den Arbeiterinnen zuerst förmlich ansehen konnte, überwunden; und als Ende dieser Begegnung fand ich alle Blattläuse im Nest den Larven vorgeworfen, die in gleicher Weise an ihnen fraßen, wie dies mit anderen Insekten geschah (vgl. Abb. 5a). Die Läuse wurden hier also nicht als Melkvieh, sondern als Schlachtvieh verwertet.

Versuche mit anderen Ameisen verliefen noch interessanter: So setzte ich beispielsweise der Wüstenameise Acantholepis in Capri Blattläuse des Kiefernwaldes vor, die dort schon von Holzameisen (Camponotus) besucht worden waren. Als die Wüstenameisen an die Laus herankamen, fuhren sie zunächst erschreckt zurück, ganz im Gegensatz zu ihrem sonstigen Angriffseifer. Die Blattlaus verhielt sich bei der Annäherung so, wie

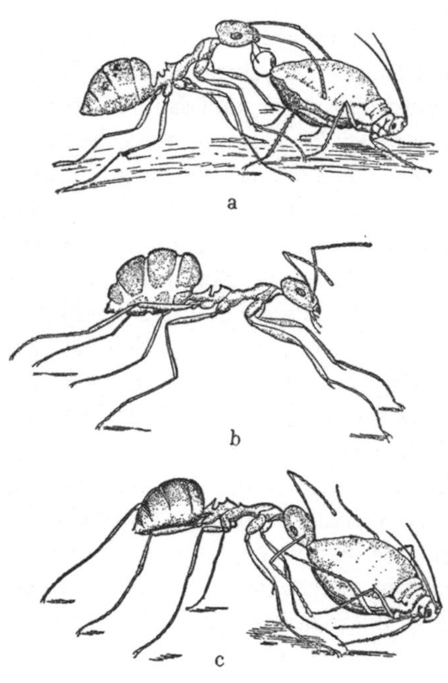

Abb. 42a—c. a) Eine nicht an Blattläuse gewöhnte Acantholepis-Ameise findet eine Blattlaus, schreckt ein wenig zurück und betastet sie. Die Blattlaus gibt einen Honigtropfen ab. b) Eine Acantholepis-Ameise hat sich den Kropf im Hinterleib prall mit Blattlaushonig gefüllt und eilt heim, ohne die Blattläuse zu töten. c) Die Ameise hat den abgegebenen Honigtropfen aufgenommen, ist davon aber nicht gesättigt. Sie ergreift die Blattlaus, zerrt sie hin und her, tötet sie und trägt sie schließlich ins Nest.

sie es gewöhnt war: sie hob die Hinterleibsspitze und ließ einen Honigtropfen austreten. Dieser wurde sofort von einer Acantholepis aufgesogen. Als der Quell versiegte, war die Ameise aber noch keineswegs befriedigt; sie zwickte die Laus in den Hinterleib, und als diese nun, sichtlich erschreckt über diese ungewohnte Behandlung, davonlaufen wollte, war es aus mit ihr. Die Ameise packte sie fest, zerdrückte sie und nahm so noch den Braten nach der Süßspeise zu sich! (Abb. 42 c) In anderen Fällen wurden die Läuse nach Abnahme der Honigtropfen ebenfalls angegriffen und, manchmal nach Alarmierung von Nestgenossen, getötet und ins Nest geschleppt.

Nicht alle Nester der Acantholepis-Ameise verhielten sich übrigens in dieser Weise. Manche waren bereits viel besser auf Blattläuse eingestellt, und es ist interessant, daß hier die Gewöhnung erst seit kürzerer Zeit eingetreten sein muß. Erst vor wenigen Jahren sind an der Via Krupp in Capri Kiefern angepflanzt, die auch Kiefernblattläuse beherbergen. An diesen Stellen besucht Acantholepis regelmäßig die Bäume und die Läuse, ohne sich den Honigspendern gegenüber so roh zu benehmen wie die vorhin beschriebenen Insassen eines abseits gelegenen Nestes. Hier ist demnach die Gewöhnung beinahe unter unseren Augen eingetreten, und das gleiche gilt von der argentinischen Ameise Iridomyrmex humilis. Diese eingeschleppten, jetzt überall im Vordringen befindlichen Plagegeister haben sich ganz an die europäischen Blattläuse gewöhnt, die ihnen doch instinktmäßig nicht bekannt sein können!

Um das, was sich bei den Versuchen abspielte, noch genauer zu beleuchten, wurden die Verhältnisse künstlich hergestellt: kleine Fliegen, die unter gewöhnlichen Verhältnissen sofort abgeschleppt wurden, erhielten einen Überzug von schlecht schmeckendem Aloësaft oder dgl.; und um sie noch mehr einer Blattlaus anzugleichen, wurde ein Tropfen Honig am Hinterende aufgeklebt. Die verschiedensten Ameisenarten verhielten sich diesen „künstlichen Blattläusen" gegenüber ganz gleich: Der Zuckertropfen wurde aufgesogen, die „vergällte" Fliege aber in Ruhe gelassen, es sei denn, daß der Fleischhunger zu groß war. Dann konnte auch hier der Ekel überwunden werden, wie dies ja auch bei den echten Blattläusen der Fall gewesen ist. Schließlich bekamen Ameisen, die gewohnheitsmäßig Blattläuse besuchen, kleine, mit Honig bestrichene Fliegen vorgesetzt, die jetzt aber *nicht*

„verbittert" oder „vergällt" waren. Waren sie genügend mit zucke-
riger Flüssigkeit bestrichen, oder gab man vorsichtig mit einer
feinen Spritze stets neuen Honigsaft hinzu, dann sogen sich die
Ameisen voll und liefen heim, *ohne* auch auf das „Fleisch" zurückzugreifen; waren sie noch nicht genügend gefüllt, als die Honig-
quelle versiegte, dann wurden auch die Fliegen angegriffen oder
abgeschleppt.

Nach diesen Beobachtungen und Versuchen können wir uns
jetzt eine Vorstellung machen, wie bei den noch nicht ausschließlich auf Blattläuse eingestellten Ameisen das gegenseitige Verhältnis zustande kommt: Die Läuse sind durch Abgabe unange-
nehmer Stoffe vor nicht allzu hungrigen Ameisen geschützt, und
da sie unter gewöhnlichen Umständen stets sehr viel Zuckersaft
abgeben, so daß die Ameisen ihren Kropf füllen können, ist die
Gefahr des Gefressenwerdens ganz gering geworden. Daß trotzdem gelegentlich diese Gefahr besteht, das lehren die immer wieder
zu beobachtenden Abtransporte toter oder halbtoter Läuse auch
bei Formen, welche schon sehr stark auf das Melkvieh eingestellt
sind, wie unsere Gartenameisen.

„Aber man sieht doch oft die Blattläuse mit Erdbauten umgeben und kann außerdem beobachten, daß die Ameisen von
ihrem Vieh Angriffe abwehren!"

Beides ist richtig: jedoch wird auch ein größerer Marmeladen-
tropfen eingebaut und geschützt und Bienen oder Fliegen, die
sich nähern, durch Bisse oder Giftspritzer verscheucht. Auch
Blüten, die längere Zeit reichlich Nektar abgeben, können durch
Bauten zugedeckt werden. Es liegt dies daran, daß gerade die
Formen, welche auch Blattläuse besuchen, gewöhnt sind, neue
Futterstellen irgendwelcher Art zunächst zu umkreisen, sie so mit
ihrem Nestgeruch zu imprägnieren und damit dem Nestbereich
angleichen, wie wir später noch sehen werden. Und das, was zum
Nestbereich gehört, wird dann gelegentlich auch zugebaut.
In gleicher Weise verfahren sie nun auch mit den Blattläusen, die
zunächst für sie nur Honigquellen sind wie andere auch. Daß
eine Einsicht in Ursache und Wirkung nicht besteht, lehren gerade
Angriffe, die von irgendeiner Seite auf das Vieh erfolgten. Die
Ameisen, welche die Angriffe auf sich selbst gerichtet halten,
töten dann oft die *Blattläuse*.

Wenn es so nötig war, allzu menschliche Vorstellungen von der Viehhaltung der Ameisen zu verbessern, so ist doch folgendes nicht zu leugnen: am Endpunkt der Entwicklungsreihe, die über Blütenbesuch zu Insektenhonig führt, haben wir wirklich ein ganz festes gegenseitiges Verhältnis. Kleine braune Ameisen, die sehr scheu und zurückgezogen in der Baumrinde hausen (Lasius brunneus), sind auf große, ebenfalls dort lebende Läuse der Gattung Stomaphis engstens eingestellt. Hier rettet wirklich die Ameise ihr „Haustier", wenn man das Nest durch Abbrechen der Rinde aufdeckt, und muß dabei sogar oft gewaltige Anstrengungen anwenden: Die Stomaphis-Laus senkt nämlich ihren über körperlangen Rüssel ganz tief in den Baum und sitzt dadurch so fest, daß es gar nicht leicht ist, sie wegzuziehen. Die Stomaphis ihrerseits scheint ebenfalls sehr auf die Lasius-Ameisen angewiesen zu sein; sie ist bis jetzt jedenfalls noch nie ohne Ameisen gefunden worden. Wenn allerdings behauptet wird, sie könne ohne eine „Betrillerung" der Ameise ihren süßen Kot gar nicht mehr entleeren, so stimmt dies nicht ganz mit den Tatsachen überein.

Ein anderes enges Verhältnis besteht zwischen den gelben Lasius flavus, welche wir schon bei der Beschreibung der fremden Einmieter kennenlernten, und gewissen Wurzelläusen. Dort ist einwandfrei beobachtet worden, daß die Ameise sowohl die Läuse wie auch deren Brut bei Angriff rettet, als ob es die eigene Nachkommenschaft sei. Infolge dieser hier wirklich vorhandenen Zucht von Haustieren kann die gelbe Ameise sogar in weitem Maße darauf verzichten, aus ihrem Nesthügel ins Freie zu laufen; wir sehen die Tiere infolgedessen meist erst dann, wenn wir mit Absicht oder aus Zufall ein Nest freilegen. Auf die Wurzelläuse *allein* können die gelben Ameisen allerdings *nicht* angewiesen sein. Genaue Auszählungen im Breslauer zoologischen Institut ergaben, daß in Nestern mit 25 000 bis 50 000 Arbeiterinnen und 4000 bis 7000 Larven und Puppen nur 5 bis 55 Blatt- und Wurzelläuse lebten — im extremsten Falle kamen also auf je 10 000 Reflektanten nur 1 Laus! Beobachtungen und Versuchen nach fressen die gelben Ameisen auch Pilze, die sich an Pflanzenwurzeln befinden, ohne sie jedoch zu züchten.

Die Versuche, welche bei den noch nicht so fest mit ihrem Haustier verankerten Ameisen durchgeführt worden sind, zeigen sehr schön, wie wir uns das Zustandekommen enger gegenseitiger Abhängigkeit vorzustellen haben. Sie lehren darüber hinaus, daß oft engumschriebene Triebe und festgewordene Instinkte mit Lernvermögen engstens verknüpft sein können, und sich sogar unter unseren Augen manchmal eine Gewöhnung erst einstellen kann.

Daß dies bei den Ameisen immer wieder zu beobachten ist, dafür wird uns in den folgenden Abschnitten noch eine große Zahl von Beispielen begegnen.

Vorstoß und Rückweg

Aus der Zeit, als man die Emsen als kleine Menschen betrachtete, die uns Vorbild sein sollten, hat sich eine unausrottbare Vorstellung erhalten: daß nämlich im Ameisenstaat alles ganz weise

Abb. 43a. Nesteingang von Messor barbarus in Capri (nach einer Fotografie).

eingerichtet sei und Zucht und Ordnung herrschten. Aber wenn man sich, vor einem großen Nest stehend, nur auf seine eigenen Augen verläßt, dann sehen wir davon eigentlich gar nichts mehr, sondern alles läuft und wurlt wild durcheinander. Betrachtet man dann ein Einzeltier, so sieht man es oft auch keineswegs so handeln, daß es uns sinngemäß und planvoll erscheint, so daß der

76

amerikanische Schriftsteller *Mark Twain* bei der Betrachtung einer
vorwärts eilenden Ameise zu dem Schluß kam, „sie sei das dümmste
Tier."

Wenn wir uns ein Bild davon machen wollen, *wie* das große
Gewimmel im Ameisenhaufen zustande kommt, dann müssen wir
uns zunächst ein Einzeltier ganz genau betrachten, und zwar nicht
nur kurze Zeit, sondern über eine große Zeitspanne hinweg.
Dies ist nur dadurch möglich, daß man einige Tiere in irgendeiner Weise kennzeichnet; ein weißer, roter, gelber und grüner
Farbfleck auf den Hinterleib oder den Brustabschnitt läßt sich bei
einiger Geduld leicht anbringen, und mit 5 Farben und 2 verschiedenen Kombinationen haben wir schon 35 Tiere aus der
Masse herausgehoben.

Wir wollen bei unserer Betrachtung ausgehen von Einzeltieren,
welche als Unbeschäftigte, Arbeitslose das Nest verlassen, um
sich eine Tätigkeit zu suchen, und wollen solch ein Tier beob-

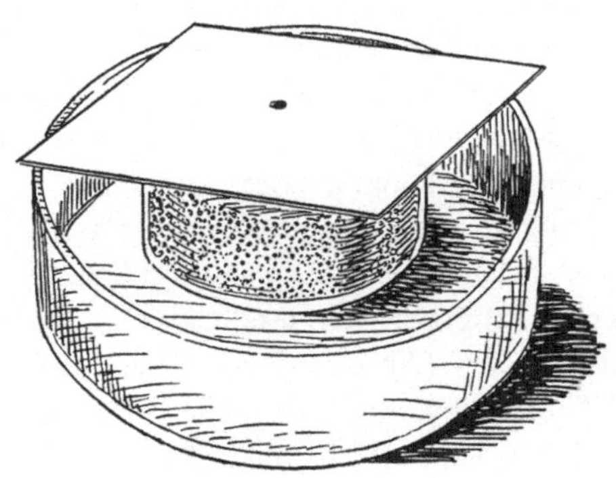

Abb. 43 b. Einfachstes künstliches Nest zum Beobachten und Photo-
graphieren von Ameisen: eine Glasschale ist mit einem dicken Papp-
oder Papierblatt bedeckt. Durch das in der Mitte angebrachte Loch
können die in der Schale angesiedelten Ameisen das Papierblatt betreten. Das künstliche Nest steht in einer großen Schale mit Wasser,
um das Entkommen der Ameisen zu verhindern.

achten bei den Staaten der körnersammelnden Arten, die sich
hierfür als besonders geeignet erwiesen. Dazu gehören, wie wir
sahen, in Europa die Ameisen, die schon die Bibel als Sammler
kennt (Gattung Messor), und in Amerika einige ganz ähnlich
lebende Arten (Gattung Pogonomyrmex). Diese Körnersammler

sind auch deswegen besonders gut für unsere ersten Versuche
geeignet, weil bei ihnen Finden und Eintragen von Futter auf der
einen Seite und Verwerten und Verfüttern der Nahrung auf der
andern Seite von verschiedenen Tieren ausgeübt wird (vgl. Abb. 33
bis 35); die eine Gruppe schleppt die Samen und Körner in besondere Vorratskammern, wo eine andere Arbeitsschar sie dann
entspelzt und weiter verarbeitet. Bei den südamerikanischen Blattschneidern finden wir ebenfalls Einträger und Verwerter als ge-
trennte Arbeitsgruppen (Abb. 37a u. b). Unsere einheimischen
Ameisen pumpen dagegen den Kropf voll und entleeren ihn erst
im Nest nach und nach wieder; sie bleiben also viel länger verschwunden. Da sie dabei auch selbst Nahrung in ihren eigentlichen
Magen aufnehmen, ist ihr Zustand außerdem ein anderer als vorher, denn ein gesättigtes Tier benimmt sich stets anders als ein
hungriges!

Weiterhin zeigen die Körnersammlerarten Besonderheiten im
Nestbau, die für Versuche günstig sind; sie wohnen in Schächten
in der Erde zwischen Sand- und Gesteinsbrocken und steigen
senkrecht nach oben durch eine oder wenige Öffnungen zur Außenwelt (vgl. Abb. 43a). Dort legen sie ihre Abfälle nieder, zu denen,
wie wir sahen, auch die Toten gehören (Abb. 28).

Diese Wohnungen der Messor-Ameisen lassen sich leicht
künstlich in einer Schale nachmachen; die Außenwelt wird durch
ein daraufgelegtes Pappstück dargestellt, das die Tiere durch ein
mittleres Loch betreten (Abb. 43b). Und da diese Ameisen als
Steppen- und Wüstenbewohner an grelle Sonne gewöhnt sind,
lassen sie sich auf der Pappe verhältnismäßig leicht photographie-
ren und filmen. So sehen wir in Abb. 44a eine Messor-Ameise,
die bei einer derartigen Versuchsanordnung erstmalig aus dem
Kunstnest an die Oberfläche kommt. Sie lief, wie Abb. 44b zeigt,
in einem Bogen um das Ausgangsloch herum und verschwand
dann wieder im Nest. Solche Orientierungsgänge sind typisch für
alle Ameisen; durch sie wird zunächst die nähere, später die weitere Umgebung des Nestes nach allen Seiten erkundet, wie dies
Abb. 44g zeigt. Bei späteren Gängen, besonders dann, wenn die
Umgebung schon bekannter geworden, beschränkt sich die
Ameise oft darauf, nur zum Eingang hinzueilen, ohne das Nest
selbst zu betreten; sie überzeugt sich gewissermaßen, ob alles in

Ordnung ist. Auch dies ist in Abb. 44g beim dritten Auslauf des Tieres zu sehen.

Auf solche Weise gewinnt die Ameise immer größere Kenntnis der Nestumgebung. Sie nimmt die Merkmale allerdings *nicht* in allen Einzelheiten in sich auf. Es sind besonders hervorragende Punkte, wie ein Stein, ein Grasbüschel u. dgl., die ihr vertraut werden und die sie dann gewissermaßen „ansteuert"; d. h. sie eilt auf sie zu, um von da aus dann vielleicht eine andere Richtung zu nehmen (Abb. 45). Manchmal merkt sich dabei jedes Tier ein anderes Kennzeichen; man kann auch beobachten, wie das eine Tier ein Hindernis stets in dieser, das zweite in anderer Richtung umgeht (Abb. 67). Auch wird oft der Rückweg nicht in gleicher Richtung genommen wie der Hinweg (vgl. Abb. 67 und 68); man ist über die Mannigfaltigkeit stets erstaunt, die man dabei beobachten kann.

Die Orientierung ist auch bei den einzelnen Ameisenarten verschieden. Manche mit verhältnismäßig guten Augen ausgestatteten Formen richten sich beispielsweise in hohem Maße nach dem Sonnenstand, worüber eine besondere Versuchsanordnung Aufschluß gab (Abb. 46). Man setzte eine vom Nest über einen Sandplatz unmittelbar der Sonne entgegenwandernde Ameise (Lasius niger) dadurch gefangen, daß man eine Schachtel über sie stülpte (Abb. 46 bei *x*). Nach zweistündiger Gefangenschaft wurde das Tier wieder freigegeben und trat sofort den Rückweg an. Die Rückzugslinie wich jedoch vom Vormarsch um 30 Grad ab; d. h. genau so viel Bogengrade, wie die Sonne während der zweistündigen Gefangenschaft der Ameise inzwischen nach links gewandert ist. Der Ameisenforscher *Brun* wiederholte diesen schönen Versuch oftmals und veränderte dabei die Zeit der Gefangenschaft. Stets entsprach der Abweichwinkel des Rückwegs dem betreffenden Sonnenwinkel mit nur ganz geringen Fehlern. Wie Untersuchungen an Bienen zeigen (*K. v. Frisch*), richten sich übrigens die sozialen Insekten in weitem Maße nach dem *polarisierten* Licht. Es besteht nach neuesten Angaben kein Zweifel, daß dies auch für die Ameisen zutrifft.

Solche Versuche gelingen allerdings nicht überall. Sie versagen auf unebenem Boden mit vielen anderen „Merkpunkten", wie Bäumen, Büschen und Stauden, und versagen auch gerade bei den

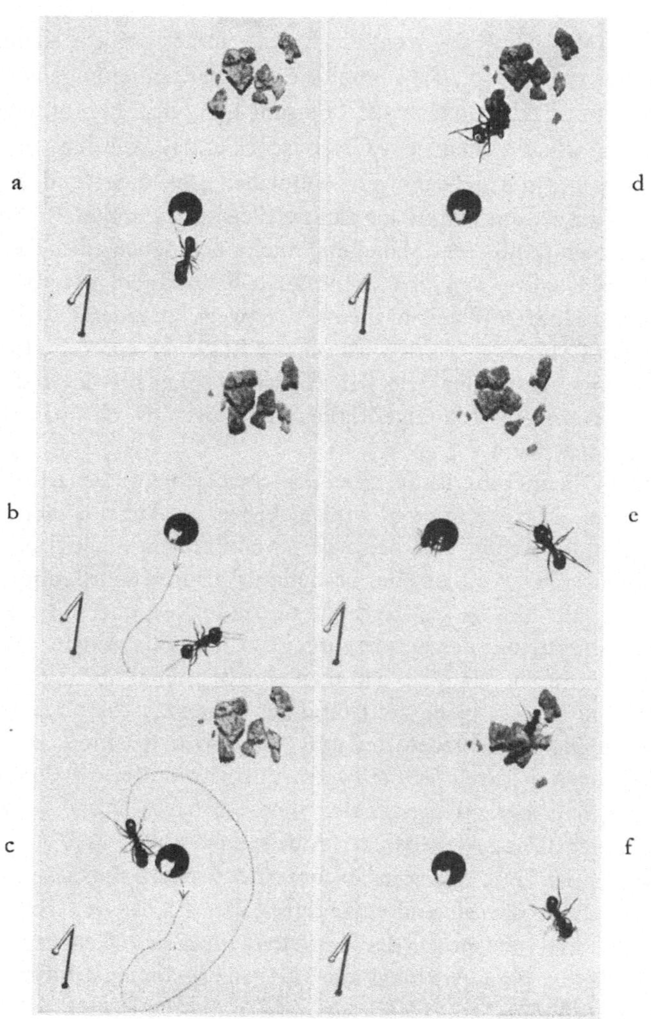

Abb. 44a—h. Körnersammelnde Ameisen (Messor barbarus) beim Erkunden. Die Ameisen wurden auf einem Papierblatt eines Nestes in der Art der Abb. 43b photographiert und ihre Wege nachgezeichnet. Eine Ameise verläßt in Abb. 44a erstmalig das Nest, orientiert sich in einem Bogen (44b) und kehrt ins Nest zurück (44c). Die Abb. 44g zeigt die weiteren drei Wege desselben Tieres. Beim III. Weg folgt es eine Zeitlang der Kante des Papiers; derartige Richtungsweiser werden stets gern benutzt. Am Ende des III. Weges geht die Ameise nicht bis ins

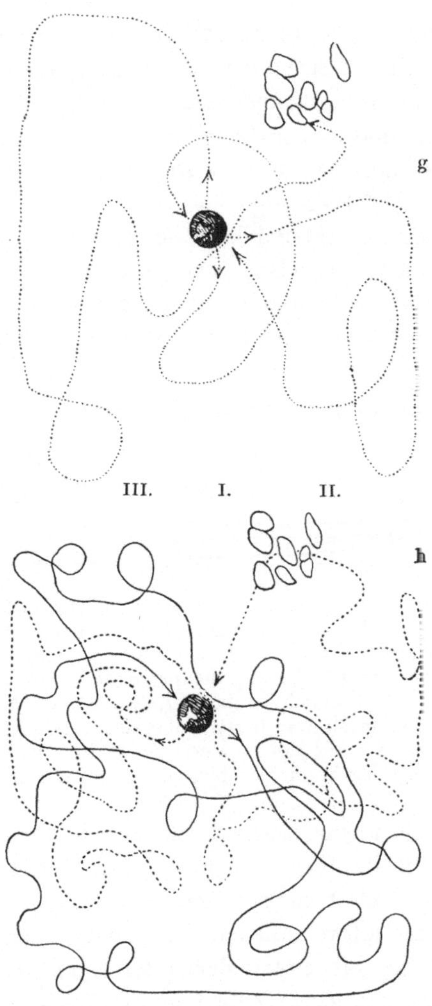

Nest selbst zurück, sondern nur bis zum Eingangsloch, um sofort einen
neuen Bogen zu beschreiben. Dabei findet sie das Futter (zerquetschte
Körner). In Abb. 44d hat die Ameise das Futter gefunden und trägt
ein Korn ein. Nach Alarm im Nest erscheinen 2 Nestgenossinnen, eine
große und eine kleine, und suchen aufgeregt (Abb. 44e). Ihre Wege
unterscheiden sich deutlich von denen der Nichtalarmierten, wie ein
Vergleich der Abb. 44g (vor Alarm) und 44h (nach Alarm) zeigt. Jedes
Tier sucht für sich; das kleinere findet schließlich das Futter (Abb. 44h
= gepunktete Linie). Das größere, das in Abb. 44f deutlich beim
Suchen mit den Fühlern den Boden abtastet, kommt nicht zum Futter
und kehrt wieder heim (Abb. 44h = ausgezogene Linie).

mit den besten Augen ausgezeichneten Waldameisen (Formica-Arten). Diese merken sich auch bei ihren Fernreisen gewisse Gesichtbilder, wie große Bäume, Häuser u. dgl. hinter oder neben ihren Nestern, und steuern *diese* an. Der sogenannte „Licht- oder Sonnenkompaß" ist also nur *ein* Mittel der Orientierung für die Ameisen, nicht das einzige.

Auch der Bodengrund und damit der Tastsinn spielt eine Rolle; die Ameise hat sich beispielsweise gemerkt, daß, nach einer Strecke Sand, Waldboden kommt mit Tannennadeln, und dann wieder eine glatte Steinplatte. Und da die Ameisen ja in weitem Maße

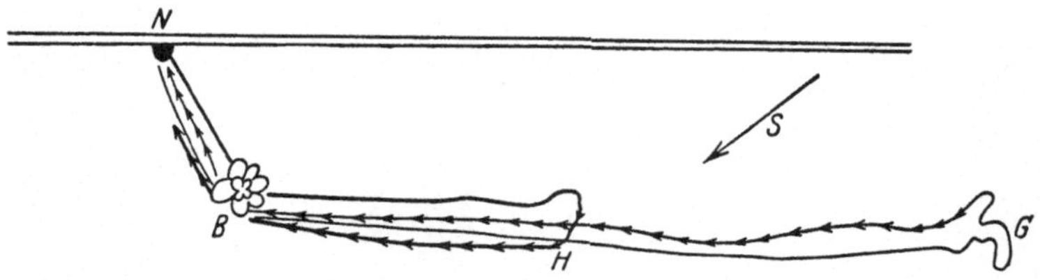

Abb. 45. Wege einer mit einem Farbfleck kenntlich gemachten Messor-Ameise von dem an einer Mauer befindlichen Nesteingang *N* zu dem $3^1/_2$ m entfernten Futter *(G)*. Es wird auf dem Weg zuerst die Staude einer Blattpflanze *(B)* angesteuert, dann in annähernd gerader Linie zu einigen Grasbüscheln geeilt *(G)*. Von dort kehrt das Tier mit einem Grassamen zurück zum Nest. Alle Ausmärsche erfolgen in derselben Weise; einmal wird jedoch schon bei *H* Futter gefunden. *S* bedeuten die einfallenden Sonnenstrahlen, die gleichfalls richtend wirken.

sich von Gerüchen leiten lassen, spielt auch die Folge verschiedener Düfte eine Rolle. Verändert man die Reihenfolge des Untergrundes oder verändert man den Geruch solcher gewohnten Wege, so wird das Tier sofort unsicher. Es beginnen dann wieder die Erkundungswege, bis etwas Bekanntes erreicht worden ist. Kurzum, es ist eine ganze Zahl von Eindrücken, die gemerkt werden, damit der Rückweg gut vonstatten gehen kann.

Wie weit eine Erkunderin auf diese Weise vorzustoßen vermag und wie genau sie den Heimweg kennt, ist oft erstaunlich; ich bot einmal einer Messor-Ameise bei Neapel eine Brotkrume, die sie sofort nach Hause zu tragen begann. Sie mußte einen Weg von 7 Meter Luftlinie zurücklegen und dabei eine Mauer von 2 Meter überklettern. Sie tat alles ohne Zögern und ohne Hilfe von Nestgenossen — ein Zeichen, daß sie den Weg ganz genau kannte.

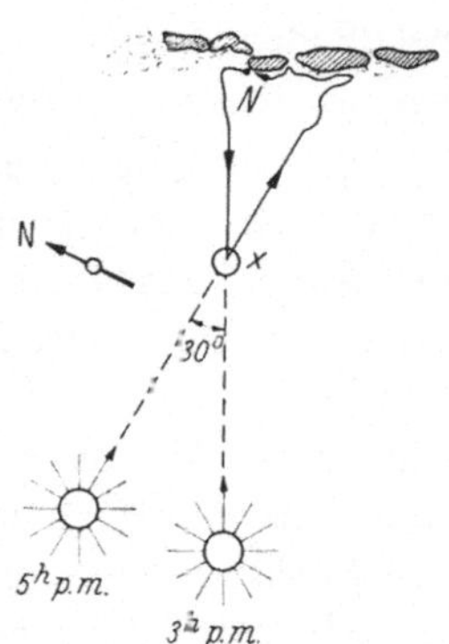

Abb. 46. Sogenannte „Lichtkompaß"-Bewegung einer Ameise bei Vorstoß und Rückweg. Das Tier (Lasius niger) war von Nest N der Sonne entgegen bis x vorgedrungen, wo es mit einer dunklen Schachtel bedeckt und 2 Stunden lang gefangengehalten wurde. Nach Wiederbefreiung lief die Ameise so heimwärts, daß die Sonne ihr unmittelbar im *Rücken* stand. Da die Sonne aber inzwischen um 30° nach links gewandert war, kam das Tier nicht unmittelbar zum Nesteingang, sondern ein Stück weiter nach rechts. Es machte dann Erkundungswege, bis es heimfand. (Nach *Brun*.)

Daß man bei solchen oft wirklich verblüffenden Leistungen leicht auf den Gedanken kommen konnte, die Ameisen (oder auch die Bienen und Termiten) würden durch eine unbekannte Kraft zum Nest gleichsam magnetisch hingezogen, ist begreiflich. Jetzt weiß man aber auf Grund von einer Riesenzahl sehr genau durchgeführter Versuche, daß es wirklich eine Gedächtnisleistung ist, welche die Insekten zu ihrem Wegfinden befähigt; jede oft auch nur kleine Unterbrechung oder Veränderung des Gewohnten kann dabei neue Erkundungswege auslösen, die dann aber meist bald den Anschluß an Bekanntes erreichen. Daß dies nicht *stets* geschieht, sei zum Schluß noch erwähnt; immer wieder findet man Ameisen, oft ganz in der Nähe des Nestes, die vollständig verwirrt umherlaufen und dann schließlich zugrunde gehen, weil sie nicht

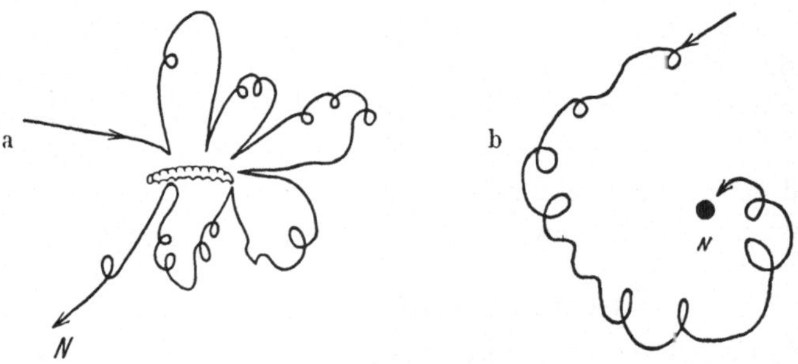

Abb. 47a u. b. a) Weg einer Wüstenameise Dorymyrmex goetschi bei Alarm. Das Tier findet eine Beute (Raupe) und „tanzt" förmlich herum, immer wieder zur Beute zurückkehrend. b) Alarmierende Dorymyrmex eilt zum Nest (*N*).

heimfinden. Solche „Erkunder" sind dann Opfer ihres Berufes, wie so manche Forschungsreisende!

Mit Forschungsreisen ins Unbekannte sind die Erkundungswege auch deswegen zu vergleichen, weil sie dem Staat neue Lebensmöglichkeit erschließen sollen; denn früher oder später findet doch eine solche Erkunderin etwas, das brauchbar erscheint. Zunächst wird in solchem Falle das Neue, Unbekannte genau untersucht. *Wie* diese Untersuchung vor sich geht, ist Temperamentssache: manchmal wird es ganz vorsichtig beschlichen, wie es beispielsweise unsere einheimischen Knotenameisen (Myrmica) tun, oder stürmisch angerannt, wie ich es bei chilenischen Wüstenformen beobachtete (vgl. Abb. 47). Fast immer weicht die Finderin mehrere Male zurück, ehe sie sich wieder nähert, sofern sie nicht sofort die Flucht ergreift, falls das Neue zu gefährlich erscheint. Stellt sich das Unbekannte als gleichgültig heraus, dann werden die Orientierungsvorgänge nach einiger Zeit weiter fortgesetzt, wie dies beispielsweise dann geschieht, wenn man vor suchende Ameisen ein kleines Sandhäufchen hinschüttet. Ist es dagegen etwas Brauchbares, so versucht die Ameise sofort, es abzutransportieren. Gelingt es ihr allein in ein- oder mehrmaligen Gängen, so handelt sie meist ganz selbständig, d. h. sie verzichtet auf Hilfe und trägt das Gefundene nach und nach ins Nest.

Bei manchen Arten macht sich dabei aber schon eine Arbeitsteilung geltend: Das Gefundene wird nicht mehr bis ins Nest selbst geschleppt, sondern nur ein Stück weit, so daß beispielsweise unterwegs kleine Körnerdepots entstehen, wie bei den Messor-Ameisen, oder aber die im Kropf beförderte flüssige Beute wird schon in größerer oder geringerer Entfernung des Nestes an Nestinsassen abgegeben, die sie dann weiterbefördern. Es kommt also schon zu einer Zusammenarbeit mit anderen Genossen. Und dabei erhebt sich nun gleich die Frage: Woher wissen die Ameisen, daß vor ihnen ein Angehöriger ihres Staates steht?

Erkennen und Verständigen

Wenn sich bei uns Menschen eine feste Gemeinschaft mit einheitlichem Handeln ergeben soll, dann sind stets besondere Einrichtungen nötig; man muß einander als Glieder dieser Gemeinsamkeit erkennen und man muß sich miteinander irgendwie verständigen können. Zum Erkennen dienen beispielsweise Abzeichen von der Vereinsnadel bis zur Uniform, oder Losungsworte vom Feldgeschrei bis zur Parole; zur Verständigung werden benützt irgendwelche Winkzeichen bis zur Druckschrift, oder Alarmsignale vom Schreckensruf bis zum SOS der drahtlosen Telegraphie. Es handelt sich demnach bei menschlichen Einrichtungen, deren Aufzählung man beliebig fortsetzen könnte, fast immer um Zeichen, die auf unser *Auge* oder *Ohr* wirken; andere treten fast ganz zurück. Bei den Ameisen müssen die Verständigungsmittel dagegen schon deshalb meist anderer Art sein, weil manche Arten überhaupt keine Augen haben und Ohren zu fehlen scheinen. Es ist jedenfalls mehr als zweifelhaft, ob zirpende oder klopfende Geräusche, welche sich manchmal beobachten lassen, als Tonschwingungen oder nur als Erschütterungsreize empfunden werden. Wichtig dagegen sind für die uns hier interessierenden Fragen andere Sinnesorgane, besonders der Geruch, deren Aufnahmeorgan sich, wie wir sahen, vorzugsweise an den Fühlern befinden. Mit ihm erkennen sich die Ameisen untereinander; sie haben gewissermaßen eine

Geruchsuniform

Diese setzt sich zusammen aus dem *Artgeruch* der Tiere selbst sowie aus dem *Nestgeruch*, der durch die benachbarte Umgebung in jedem Staate etwas anders ist. Was *nicht* so recht wie die Genossen des Staates, wird im allgemeinen sofort als Feind betrachtet, beispielsweise auch die Artgenossen eines anderen Nestes.

Man hat durch eine Reihe sehr netter Versuche diese Geruchsuniform und ihre Wirkung zeigen können. Zunächst ist es gelungen, die Erkennungsmöglichkeit auszuschalten. Wenn man einem Menschen die Augen zubindet und die Ohren verstopft, wird er seine Kameraden nur schwer erkennen können, und in gleicher Weise ist's bei den Ameisen, deren Fühler man so mit einem Lack überzieht, daß die feinen Geruchsorgane verklebt sind. Solche Tiere verhalten sich je nach dem Temperament verschieden; entweder greifen sie wütend auch die Nestgenossen an, oder es leben friedlich auch Feinde zusammen.

Weiterhin war es möglich, die Geruchsuniform zu *verändern*: Eine große Zahl von Ameisen wurde getötet und dann zerquetscht, und in dem so erhaltenen Blutsaft Ameisen eines fremden Staates oder einer anderen Art gebadet. Wirklich ließen sich die Tiere zunächst dadurch täuschen; ein gewisses Mißtrauen blieb aber bestehen, und je mehr der angenommene Duft schwand, desto feindlicher war die Behandlung.

Umgekehrt endlich ist es gelungen, Nestgenossen ein und desselben Staates geruchlich so zu verändern, daß sie schließlich als Feind betrachtet wurden. Schon eine längere Trennung bewirkt oft ein gewisses Mißtrauen. Dieses nimmt zu, wenn man die einzelnen Gruppen in verschiedenen Kunstnestern hält, die einen vielleicht in den später noch zu beschreibenden Gipsbehältern, die anderen in Glastuben (Abb. 65 und 66). Und am schlimmsten wurde es, als ich einmal die Insassen eines Messor-Nestes trennte und die einen vorzugsweise mit Fleisch (Insekten u. dgl.), die anderen nur mit Körnern fütterte. Nach 2 bis 3 Monaten war hier die Ausdünstung so verschieden geworden, daß es zu den wildesten Kämpfen kam, die ich bei dieser sonst ganz friedliebenden Art je erlebte. Sie waren so verschieden geworden, daß sie sich „nicht mehr riechen wollten"!

Alarmsignale

Um die zweite Einrichtung zur Herstellung einer Gemeinsamkeit kennenzulernen und um zu sehen, wie eine Verständigung im Ameisenstaat zustande kommt, wollen wir uns wieder der Messor-Ameise zuwenden, die in der Abb. 44 auf Nahrungssuche ausging. In dem Beispiel, das dieser Abb. 44 zugrunde lag, können wir die Messor-Ameise beim dritten Auslauf beim Finden der Nahrung beobachten (Abb. 44d). In freier Natur ist die Futterquelle eine reife Grasrispe oder eine Samenanhäufung, in unserem Versuche ein Haufen zerquetschter Körner. Sind es wenig, so beginnt das Tier Korn für Korn wegzuschleppen, und zwar bei guter Kenntnis des Weges, wie wir sehen, auf annähernd gerader Strecke.

Wird dagegen eine reiche Nahrungsquelle entdeckt, so gerät die Finderin in große Erregung, und diese Erregung teilt sie den Nestgenossen mit, auf die sie trifft, besonders dann, wenn diese von keiner anderen Tätigkeit in Anspruch genommen sind. Die Finderin tut meist noch das ihre, solche Arbeitslose zu ermuntern; sie schlägt mit den Fühlern auf sie ein, oder auch mit den Beinen, und ganz temperamentvolle stoßen sie sogar mit dem Kopfe in die Seite. Die so behandelten Genossen werden dadurch sehr erregt; sie verlassen eilig das Nest und beginnen zu suchen. Man sieht schon an ihren Wegen, daß sie viel aufgeregter sind als die ersten Erkunder (vgl. Abb. 44g und h); die Schleifen und

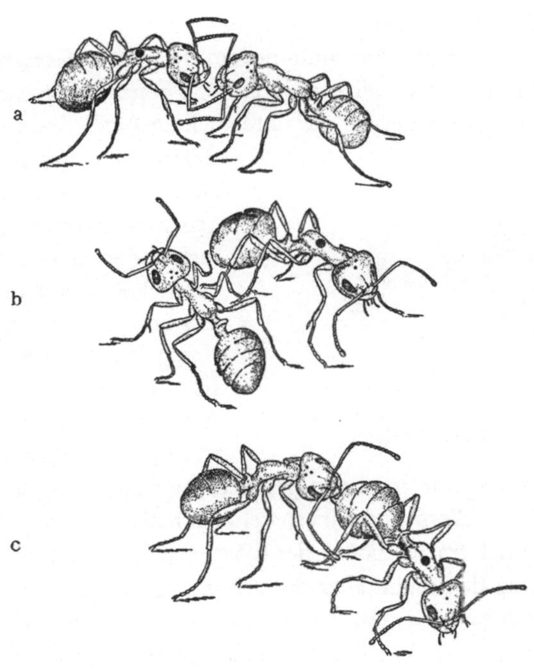

Abb. 48. Begegnung zweier Arbeiterinnen der Gartenameise Lasius emarginatus. Das linke Tier (mit Farbfleck gezeichnet) alarmiert die entgegenkommende Genossin (a); die Alarmierte macht kehrt (b) und folgt ihr (c). (Nach Filmaufnahmen.)

Spiralen, die sie laufen, sind viel verwickelter, viel enger. Ein heftiger Alarm bei lebhaften Formen erinnert manchmal an das Abschießen einer Flinte; wie dort aus der Mündung die Schrote, so spritzen die Alarmierten förmlich nach allen Seiten aus dem Nesteingang und vermehren die Möglichkeit des Findens dann noch durch die Windungen und Spiralen, in denen sie suchen.

Wie bei der Schrotflinte kommen aber auch nur einige zum Ziel.
Alle die, welchen es gelang, beginnen sofort einzutragen
und dabei nun ebenfalls zu alarmieren. So verstärkt sich an
der Futterstelle nach und nach die Zahl der Sammler. Alle,
die nicht zum Futter gelangt sind, kehren nach einiger Zeit ins
Nest zurück und kommen dort wieder zur Ruhe (vgl. Abb. 44g),
sofern sie nicht, bei erneutem Alarm, zufällig doch der Sammler-
schar eingereiht werden.

Das so wichtige Verständigungsmittel der *Alarmierung* von
Nestgenossen müssen wir uns jetzt noch etwas näher betrachten.
Man kann bei den meisten der untersuchten Arten drei Grade der
Alarmierung feststellen, die aber alle ineinander über-
gehen. Der erste besteht in mehr oder weniger starkem
Schnicken des Körpers; er löst bei den Alarmierten nur
eine geringe Bewegung aus. In den Staaten mancher
Ameisen werden so beispielsweise die Brutpfleger auf eine

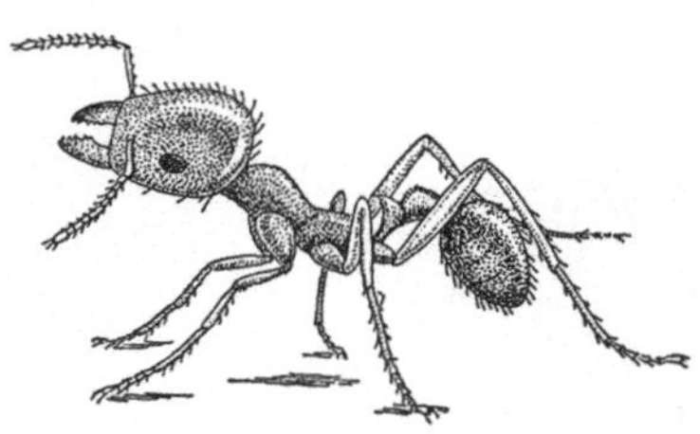

Abb. 49. Soldat einer Messor-Ameise bei Gefahralarm.

veränderte Lage aufmerksam gemacht und zum langsamen Abtransport von Eiern und Larven veranlaßt. Der zweite Grad kann
ebenfalls noch im Schnicken des Körpers oder nur des Hinterleibs
bestehen, zu dem dann aber das schon angeführte Anstoßen der
Alarmierten mit den Fühlern, mit den Vorderfüßen und mit dem
Kopfe kommt. In dieser Weise sucht eine Finderin dann zu Hilfe
und Mitarbeit aufzufordern, wenn sie eine Beute gefunden hat, die
so groß ist, daß sie dieselbe nicht allein bewältigen kann.

Hinzu kommt zu diesem Anstoßen mit irgendwelchen Körper-
teilen dann noch eine besondere Bewegungsart bei lebhafteren
Formen. Dabei werden oftmals die Beine in ganz besonderer
Weise aufgesetzt oder auch verschränkt, so daß förmliche „Stepp"-
Schritte entstehen; und dabei läuft oder rennt das Tier noch ruck-
weise in einigen Kreisen oder Schlangenlinien umher, so daß der
Eindruck eines Tanzes noch verstärkt wird. Auch diese Tänze,
die wir in ähnlicher Weise bei den Bienen kennen, sind ebenfalls
Ausdrucksformen der Erregung, welche bei jeder Art ein wenig

abgeändert erscheinen. (Vgl. die Wege alarmierender Ameisen in
Abb. 47 sowie Abb. 61 bis 63.)

Diese Erregung der Finderin nimmt zu mit der Größe der Beute
und kann dann in die dritte Art des Alarms übergehen. Während
von den sanfteren Graden der Erregungsübertragung Tiere un-
beeinflußt blieben, welche von einer Arbeit zu sehr in Anspruch
genommen waren, setzt diese höchste Stufe des Alarms, der Gefahralarm, alle Nestgenossen in Bewegung. Die meisten Arten

Abb. 50. Bei Gefahralarm stellt die chilenische Ameise Camponotus
morosus ihren Hinterleib in die Höhe.

laufen bei solchem Gefahralarm in größter Erregung mit geöff-
neten Kiefern umher (Abb. 49); manche erheben dabei den Hinterleib mehr oder weniger senkrecht in die Höhe (vgl. Abb. 50),
und es läßt sich dann oft der Austritt eines großen Gifttropfens
an der Hinterleibsspitze feststellen. Die Alarmierten benehmen
sich zunächst wie die Tiere, welche den Alarm begannen; dann
wird meist irgendeine Arbeit angefangen, die sich gerade bietet.
Nur Tiere, die zufällig an die Stelle kommen, von der Gefahralarm erfolgte, können dort einen etwaigen Feind bekämpfen.
Bei anderen löst vielleicht das Zusammentreffen mit aufgespei-
cherten Futterstoffen oder mit Brut den Transporttrieb aus, oder
aber einstürzende Nestpartien treiben zu Aufräumungs- und Bauarbeiten an. In solchen Fällen hat dann das wilde Gewimmel
seinen Höhepunkt erreicht. Wenn aber nicht bald etwas geschieht,

was als Reiz wirkt, klingt auch ein Gefahralarm rasch wieder ab, und die Nestgenossen kehren zu ihren früheren Arbeiten zurück.

Die Beobachtungen an allen bisher untersuchten Ameisenarten zeigten, daß die Alarmierten keinerlei beschreibende („deskriptive") Mitteilung machen, sondern nur Erregungszustände übertragen; *was* die so in Aufregung gebrachten Alarmierten dann unternehmen, ist von neuen Reizen abhängig. Insbesondere ist beim Alarm nichts ausgesagt über den *Ort*, von dem aus alarmiert worden ist, und vielfältige Versuche haben auch gezeigt, daß ebensowenig eine Mitteilung darüber erfolgt, *um was* es sich handelt. Bei Futteralarm nehmen beispielsweise die Alarmierten von jeder Stelle das, was zur Nahrung geeignet ist, und transportieren es ab. Richtunggebend wirkt nur manchmal das schon erwähnte Stafettenprinzip: Bei den Körnersammlern tragen die Finderinnen die Samen später nicht mehr unmittelbar bis ins Nest hinein; sie legen sie vielmehr an geeigneten Stellen nieder, so daß auf dem Wege zur Endstelle kleine Futterhaufen erstehen. Die Alarmierten, die zu diesem Haufen kommen, transportieren dann die dort liegenden Körner ab; ist der Haufen erschöpft, so suchen sie weiter und kommen schließlich, von Depot zu Depot vorstoßend, zur eigentlichen Futterquelle hin.

Ein ähnliches Stafettenprinzip läßt sich auch bei den Ameisen feststellen, die *flüssige* Nahrung eintragen; in solchen Fällen kommen die Finder und die Sammler, die ihren Kropf und Magen vollgepumpt haben, entweder selbst an geschützten Stellen zur Ruhe, oder sie geben die Flüssigkeit durch Ausbrechen an Genossen ab, die arbeitslos in Nestnähe herumsitzen. Diese wandern dann ins Nest weiter und geben dort die Nahrung ab, wie ein Stafettenläufer seinen Stab, oder aber sie warten, als eine Art lebendes Depot, bis sie von Alarmierten gefunden worden sind, um nun die Nahrung an diese abzugeben.

Wegspurung

Manche Ameisenarten, und zwar besonders solche, die tote Tiere zernagen, gehen indessen in ihrer Zusammenarbeit viel weiter, als bisher beschrieben wurde; sie bewirken eine *Spurung* des Weges, und mit Hilfe dieser Spuren vermögen die Alarmierten zur gefundenen Nahrungsquelle schnellstens hinzufinden. Auch in solchen Fällen wird demnach über den Ort des Fundes nichts ausgesagt, aber wenigstens ein Weg nach dort angegeben.

Wie dies geschieht, läßt sich am besten untersuchen bei den mittelmeerischen Pheidole- und den amerikanischen Solenopsis-Arten; diese meist fleischfressenden Ameisen sind darauf eingestellt, kleinere Tierleichen entweder als Ganzes ins Nest zu tragen oder sie dann, wenn dies nicht möglich ist, in kürzester Zeit zu zerlegen und stückweise abzuschleppen. Im Gegensatz zu den Körnersammlern, die meist einzeln eintragen, helfen sich auch diese Ameisen sofort, wenn ein Genosse für den Transport zu schwach ist, und dadurch kommt ein viel ausgesprocheneres Zusammenarbeiten bei Alarm zustande.

In der Abb. 51 sehen wir an einem Filmstreifen, wie ein solcher Alarm und wie ein Abtransport einer Fliege erfolgt.

Auf einem Versuchstisch war ein Papierblatt aufgelegt und darauf mit einer Nadel eine Fliege festgesteckt. Der Schatten der Nadel dient gleichzeitig als Sonnenuhr und zeigt ebenso wie der Schatten des Kinostativs, daß sich alles in kürzestem Zeitraum abspielt.

Zunächst ist die Fliege noch nicht entdeckt (Abb. 51a); es kann oft lange dauern, bis dies geschieht, und die Geduld des Beobachters wird oft sogar stundenlang auf die Probe gestellt. Schließlich kommt aber doch eine Pfadfinderin; in der Abb. 51b sehen wir eine derselben an der Fliege angelangt, und bald darauf erschien auch eine zweite. Beide versuchten nur die Fliege abzuschleppen; da dies nicht möglich war, liefen die Finder heim und alarmierten. Leider war es noch nicht möglich, bei den Pheidole-Ameisen den Alarm zu verfilmen, da er tief im Nest stattfindet; wir müssen uns darauf beschränken, den *Erfolg* im Bild festzuhalten. Dieser Erfolg ist verblüffend genug; von den acht bis zehn Ameisen, die bei einem solchen Alarm der italienischen Hausameise zunächst das Nest verlassen, findet die Mehrzahl zur Beute (Abb. 51c). Auch *diese* Tiere vermochten die Fliege nicht abzureißen und liefen ebenfalls heim, um zu alarmieren. So erschienen dann neue Schübe von Alarmierten (Abb. 51d). Wie schnell dies geschieht, zeigt die Betrachtung des Nadelschattens: dieser Zeiger der Sonnenuhr hat sich kaum vorwärts bewegt.

In eifriger Arbeit beißt und reißt nun alles an der Fliege herum (Abb. 51 e und f). Es gelingt auf diese Weise, einzelne Stücke abzutrennen, die dann sofort heimgeschleppt werden (Abb. 51 g). Schließlich bleibt nurmehr der Fliegenrumpf übrig, der zuletzt ebenfalls von der Nadel losgelöst und heimgezerrt wird (h).

Auf dieselbe Weise wird auch eine gefundene Wurm- oder Eidechsenleiche ausgenutzt, und stets finden die Alarmierten deshalb so schnell zum Futter, weil von der Finderin eine Geruchsfährte oder Geruchsspur gelegt wird.

Wie dies geschieht, sehen wir bei genauer Beobachtung der Finderin, die sich auf den Heimweg begibt: sie preßt den Leib etwas an den Boden, über den sie dahinläuft, so daß sie trotz der großen Erregung, die sich nachher im Alarm Luft macht, doch oft nur ruckweise vorwärts kommt. Durch dies Anpressen des Körpers wird dem Untergrund, über den die Ameise läuft, etwas von ihrem Eigengeruch mitgeteilt, und dieser so entstandenen Duftspur *folgen* dann die Alarmierten. Nicht ganz genau; es kommen manchmal Abweichungen vor, und oft geht auch die Spur vorübergehend verloren. In solchen Fällen beginnt dann das Tier die Spur zu *suchen*; und wenn es sie gefunden hat, läuft es wieder auf ihr entlang, bis es schließlich doch zum Futter kommt.

Obgleich diese Spur einer einzelnen Finderameise nur kurze Zeit bestehen bleibt — bei Pheidole-Ameisen etwa sechs Minuten —, genügt sie doch, um den ersten Alarmierten den Weg zu weisen. Da die Alarmierten dann, wenn auch sie die Beute nicht allein abschleppen können, heimlaufen und ihrerseits spuren, wird der Weg nach und nach immer deutlicher bezeichnet; etwa schon verlöschende Spurteile werden aufs neue wieder aufgefrischt, und es entsteht auch schließlich eine Spur zu Futterquellen, die viele Meter abseits liegen.

So kommt es, daß nach kürzester Zeit Massen von Ameisen da herumwimmeln können, wo vorher keine einzige zu sehen war. Vorbedingung zur Ausnützung aber ist stets, daß erst einmal ein Erkunder die Beute entdeckt hat; führen die Erkundungswege zufällig an der Beute vorbei, so bleibt sie oft stundenlang unentdeckt.

Der Nachweis, daß solche Spuren vorhanden sein müssen, läßt sich auf die verschiedenste Weise erbringen. Legt man beispielsweise zwischen Nest und Futter ein Papierblatt, so spurt die

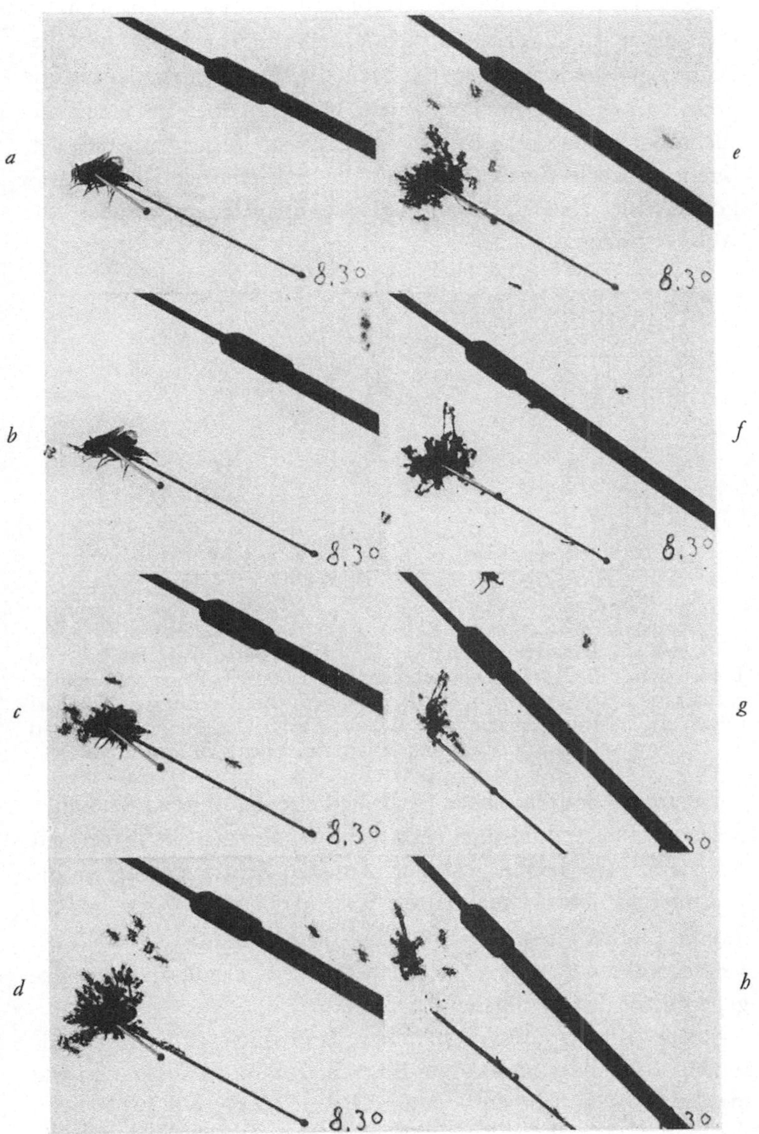

Abb. 51 a—h. Filmstücke eines Alarms bei der italienischen Hausameise Pheidole pallidula. Erklärung im Text. Der Schatten der Nadel, mit der die Fliege aufgespießt ist, dient gleichzeitig als Sonnenuhr, welche die seit Versuchsbeginn (8 Uhr 30 Minuten) verstrichene Zeit angibt.

Finderin auch dort (Abb. 52a). Dreht man das Papier, dann beginnen die Tiere am Ende der Spur Orientierungsgänge, wie stets in unbekanntem Gelände (Abb. 52b). Treffen sie zufällig wieder auf die Spur, so folgen sie ihr von neuem, werden jedoch bei einer Versuchsanordnung in der Art der Abb. 53 B am Futter vorbeigeleitet. Dreht man die Scheibe so, daß die Spurteile sich decken, so können sie ebenfalls am Futter vorbeigeleitet werden, wie Abb. 53 c zeigt.

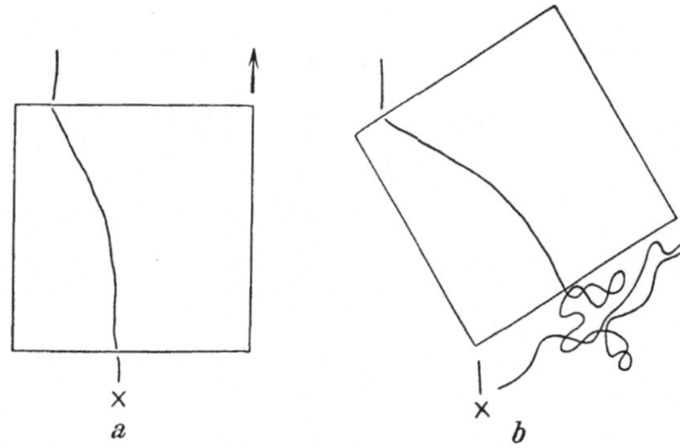

Abb. 52a u. b. Eine vom Futter (bei *x*) über ein Papierblatt zum Nest (in Richtung des Pfeiles) heimeilende Pheidole-Ameise hat eine Spur gelegt, auf der die Alarmierten zum Futter hinlaufen. Bei Drehung des Papiers folgen die Alarmierten der Spur bis zum Ende des Papierblattes und müssen dann neu erkunden, um das Futter zu finden (b).

Derartige Spuren ließen sich bei einigen Arten (Pheidole, Solenopsis) auch künstlich herstellen: Wenn man ein Papierblatt mit dem Leib frisch getöteter Ameisen bestrich, folgten die Alarmierten dem so markierten Weg in gleicher Weise, als ob ihn die Finderin gespurt hätte (Abb. 54/55). Eine mit einer toten Heuschrecke oder Fliege in gleicher Weise gelegte Spur hat dagegen nicht den geringsten Erfolg (Abb. 56).

Solche Kunstspuren gestatteten dann auch genauer festzustellen, *was* bei der Spurung in Betracht kommt. Es ist nicht, wie man zunächst annehmen könnte, die Ameisensäure der Giftblase, die mit dem mehr oder weniger stark ausgebildeten Stachelapparat in Verbindung steht. Diese sauren Drüsensekrete bedeuten vielmehr dann, wenn sie in stärkerem Maße auf natürliche oder künstliche Weise in Wirksamkeit treten, ein Gefahrsignal,

94

bei dem alle Alarmierten ganz wild in größter Aufregung durcheinanderlaufen (Abb. 57). Es sind andere Körperdrüsen, die in Betracht kommen, und zwar Drüsen, welche die Tiere mit einer oft auch dem menschlichen Geruchsorgan wahrnehmbaren Dunstwolke umgeben. Die Spurung besteht demnach wirklich nur darin, daß die alarmierende Ameise diese Dunstwolke durch Anpressen des Körpers dem Boden näher bringt und so eine kurz dauernde Duftspur erzeugt.

Die Duftspur der Ameisen ist, auf menschliche Verhältnisse übertragen, etwa mit der eines Autos zu vergleichen, dessen

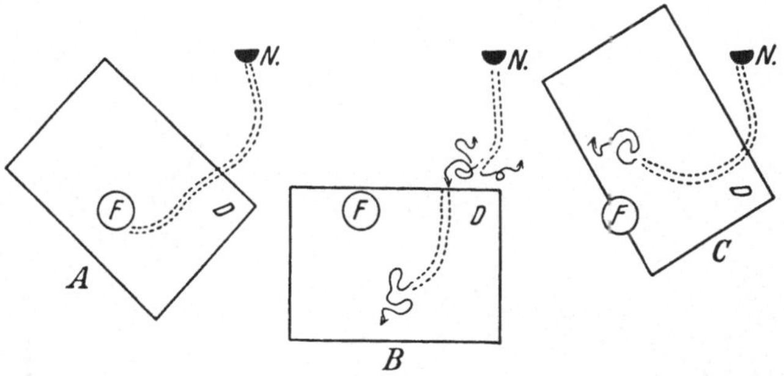

Abb. 53 a—c. „Drehscheibenversuche" zum Nachweis der Spurbildung bei der chilenischen Ameise Solenopsis gayi. N = Nesteingang, D = Drehpunkt des viereckigen Papiers, F = Futter, das stets in gleicher Lage und Entfernung zum Nest bleibt. A) Eine Ameise hat das Futter gefunden und kehrt alarmierend und den Weg spurend (Linie der Doppelpunkte) ins Nest zurück. Nach Alarm erscheinen neue Tiere, folgen der Spur und finden das Futter. B) Nach Heimkehr der Finderin wurde die Drehscheibe bewegt, die Spur dadurch unterbrochen. Die drei auslaufenden Ameisen folgen der Spur und beginnen an ihrem Ende Orientierungswege. Ein Tier, das dabei die Spur auf dem Papierblatt von neuem findet, folgt ihr, läuft am Futter vorbei und orientiert sich am Ende der Spur auf dem Papierblatt. C) Bei Drehung ist die Spur auf dem Papier und außerhalb desselben noch in Berührung. Die Ameisen folgen der Spur, laufen aber am Futter vorbei und orientieren sich am Ende der Spur. (Diese Versuche wurden auch mit künstlich hergestellter Spur ausgeführt.)

Auspuffgase auch noch längere Zeit am Boden haften; und dieser Vergleich wird noch eindrucksvoller, wenn wir uns das Bild der Abb. 58 betrachten, wo eine bei manchen Formen besonders große Körperdrüse wirklich mit einer Art Auspuffrohr in Verbindung steht. Solche Bilder gaben mir dann den Gedanken ein,

die Spurung auf eine zweite Art künstlich zu erzielen: Ich sperrte
eine Anzahl Ameisen in eine kleine Morphiumspritze; hatten sie

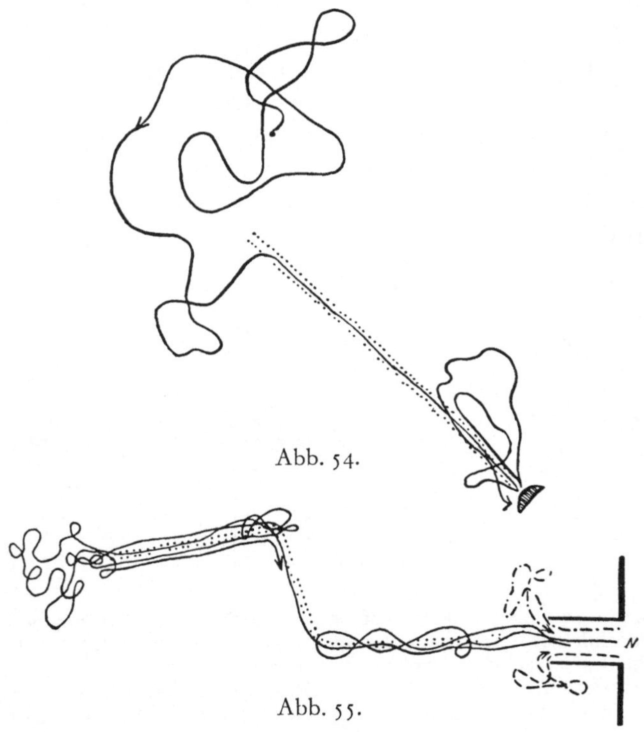

Abb. 54.

Abb. 55.

Abb. 54/55. Künstliche Spurung bei der chilenischen Ameise Solenopsis
gayi. Abb. 54. Auf einem Papierblatt ist mit dem Hinterleib eines Solen-
opsis-Arbeiters eine künstliche Spur hergestellt. Eine Ameise derselben
Kolonie wurde an einem anderen Nesteingang weggefangen und auf das
Papierblatt gesetzt. Sie orientiert sich eine Zeitlang; sobald sie auf die
Spur trifft, folgt sie ihr bis zum Nesteingang, schreckt dort zunächst vor
der unbekannten Situation zurück, orientiert sich, kommt wieder auf
die Spur und läuft endlich ins Nest. Abb. 55. Auf einem Papierblatt vor
einem künstlichen Nest (N) ist mit der Hinterleibsspitze eines Tieres desselben Nestes eine Spur markiert (doppelte Punktreihe). Zwei aus-
laufende Arbeiter (gestrichelte Linien) kommen nicht bis zur Spur und
kehren nach Orientierungswegen zum Nest zurück. Eine dritte Ameise
trifft auf die künstliche Spur und folgt ihr eine Strecke weit. Sie kehrt
zuerst zum Nest zurück und folgt der Spur dann von neuem bis zum
Ende. Dort führt sie Orientierungswege aus und kehrt schließlich, der
künstlichen Spur folgend, zum Nest zurück. (Aus technischen Gründen
mußte hier der Weg der Ameise manchmal nicht auf, sondern seitlich
der markierten Spur gezeichnet werden.)

deren Innenraum eine Zeitlang mit ihrem Duft geschwängert,
dann konnte ich mit dem austretenden Dunst künstlich Spuren
erzielen, welchen unter günstigen Versuchsbedingungen die
alarmierten Ameisen sogar besser folgten als der Spur der Finderin;
sie war, da sie die konzentrierten Körperdünste einer größeren
Zahl von Formica-Ameisen enthielt, vermutlich viel stärker, als
die des alarmierenden Einzeltiers.

Durch vielmaliges Begehen ein und desselben Weges entstehen
übrigens oft auch gespurte Straßen, bei denen der Duft der Ameisen

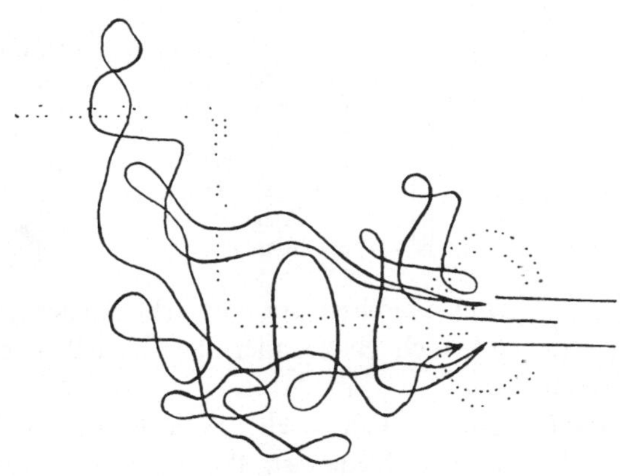

Abb. 56. Am Ausgang des Nestes einer Solenopsis-Ameise ist mit dem
Hinterleib einer Fliege eine Spur hergestellt. Ein auslaufendes Tier
kümmert sich nicht darum, sondern führt Erkundungswege aus.

viel länger haftet; es sind dies meist Straßen, auf denen bei
dem sich abspielenden regen Verkehr einmal hier, einmal dort
kleine Schmutzteilchen liegenbleiben, so daß sie schließlich sogar
sichtbar werden. Ich fand dies beispielsweise bei Lasius-Staaten
meines Sommerhauses in Kärnten, die ich jahrelang hintereinander untersuchen konnte. Solche Wege führen meist von einem
Nest aus, in dessen Umgebung nicht mehr viel zu holen ist, zu
weit entfernten Futterquellen, und auf ihnen entwickelt sich dann
ein sehr geordneter Verkehr. Die auslaufenden Nestgenossen
folgten sich in ununterbrochener Linie, um am Ende der Straße
nach verschiedenen Seiten auszuschwärmen, und die heimkehren-
den Tiere strömen von ihren Sonderausflügen nach und nach
wieder zusammen, um dann auf dem gemeinsamen Weg zum Nest

zurückzukehren. Jede Unterbrechung der Spur führt hier zu gewaltigen Stockungen, die erst nach und nach wieder ausgeglichen werden; und wenn man solche Straßen über Papierblätter

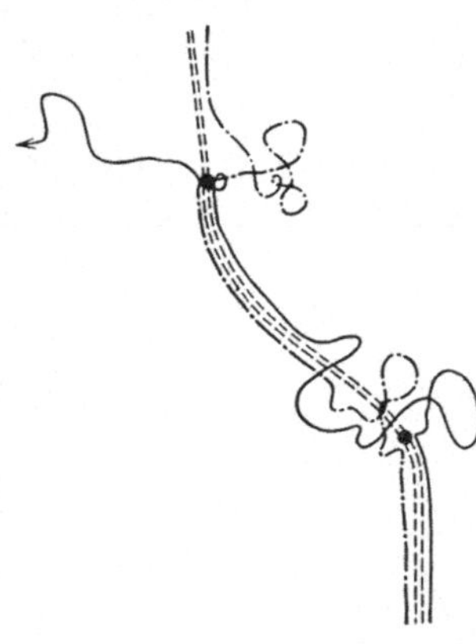

Abb. 57. Künstliche Spur vor einem Pheidole-Nest. Auf einem 15 × 22 cm großen Papier wurde mit den Hinterleibern von 5 getöteten Pheidole die doppelt punktierte Linie bestrichen. Dabei trat, deutlich sichtbar, bei dem oberen schwarzen Kreis ein größerer, beim unteren ein kleinerer Sekrettropfen (Gift) des Stachels aus. Die beiden Tiere, welche auf Alarm hin die in den Weg gelegte Spur betraten, folgten ihr bis zum 1. Gifttropfen; dort begannen sie wild herumzulaufen wie bei Gefahralarm. Als sie dann nach Beruhigung wieder die Spur trafen und verfolgten, wiederholte sich die Aufregung beim 2. Gifttropfen. (Aus technischen Gründen mußten die Wege der Alarmierten etwas neben der Spur gezeichnet werden.)

leitet, kann man bei Drehscheibenversuchen in der Art der Abb. 53 die „Weichen" noch ganz anders falsch stellen, ohne daß die Tiere es merken.

Immerhin gibt es auch da eine Grenze, die bei den einzelnen Arten allerdings verschieden ist. Besonders wirkt auf *heimkehrende* Arbeiterinnen eine allzu starke Drehung der Spur bald störend. Wir sehen dies in der Abb. 60, der Darstellung von Versuchen, bei welchen heimkehrende Cremastogaster-Ameisen in Richtung des Pfeils zum Nest heimliefen, und zwar über ein bespurtes Papierblatt, das bewegt werden konnte. Bei einer Drehung um 35° folgten die Tiere der Spur völlig und kehrten auch auf ihr zurück, als sie dieselbe verloren (Abb. 60b). Bei einer Drehung um 55° merkten die Ameisen meist schon früher, daß etwas nicht richtig war, und kehrten um; und bei einer noch stärkeren Abweichung um 75° folgte keine Ameise der

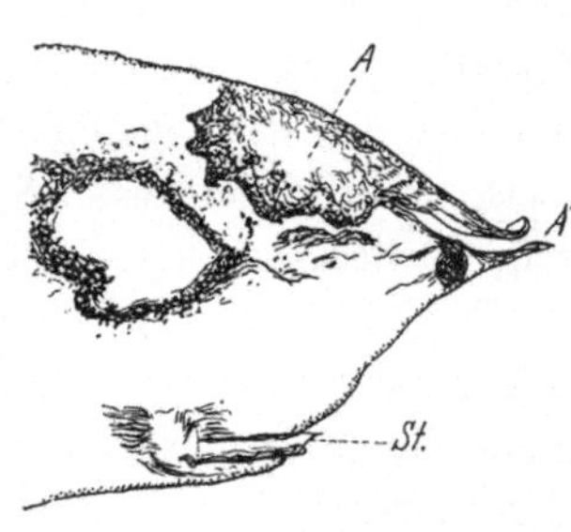

Abb. 58. Hinterleibsspitze einer Ameise (Tapinoma) mit großer Rückendrüse *(A)*, deren Ausführgang wie eine Spritze *(A')* aussieht. *St* = Stachelapparat.

Abb. 59 a—c. Von einer „Ameisen-
insel" (d. h. einem mit Wasser-
graben umgebenen Nest) von Formica sanguinea führt eine Brücke
zu zwei Futterplätzen (a). Erfolg
eines Alarms, der 12.30 Uhr vom
rechten Futterplatz aus erfolgte:
der rechte Futterplatz ist dicht
besetzt (c), der linke Futterplatz
bleibt frei (b).

a

b

c

Spur (vgl. Abb. 60 c und d). Sie suchten vielmehr sich neu zu
orientieren und kamen so, langsam vorwärts tastend, zum Nest.

Wie ist dies zu erklären? Diese Frage muß folgendermaßen
beantwortet werden: Die zum Nest eilenden Tiere haben ein
bestimmtes Ziel vor Augen, das Nest. Und auf dem Weg zu
diesem Ziel gibt es bestimmte Zielpunkte, die gleichsam angesteuert werden, wie wir schon sahen (Abb. 45). Tiere, die *nicht*
einer Spur folgen, richten sich *nur* nach solchen Zielpunkten.

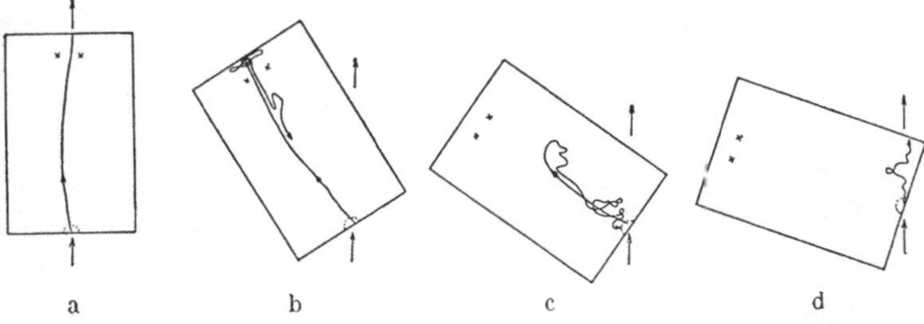

a   b   c   d

Abb. 60 a—d. Drehscheibenversuche bei einer schon fest gewordenen
Ameisenstraße von Cremastogaster scutellaris. Näheres Text.

Ist dagegen eine Spur vorhanden, so läßt die Aufmerksamkeit
nach; es wird ihr im gewohnheitsmäßigen Trott gefolgt, und das
„Aufpassen" auf die mit dem Auge wahrnehmbaren Richtpunkte
läßt nach. Das Spurlaufen ist sicherlich „bequemer". Man kann
dies unmittelbar beobachten, wenn man seine Ameisen gut kennt:

Abb. 61. Gartenameise Lasius emarginatus läuft alarmierend heim.

sie sind auf der Spur nachlässiger, weniger aufmerksam, als ohne
sie. Und daher laufen sie ihr auch noch nach, solange sich die
Zielpunkte nicht zu sehr verschieben. Ist dies der Fall, durch zu
starke Verstellung der Weiche, so wird es schließlich doch bemerkt,
und dann verläßt die Ameise die Spur. Bei Arten, welche *unter
Alarm* vom Nest *wegeilen*, ist dies anders; diese haben ja kein Ziel
im Auge, wenigstens kein bestimmtes. Und daher kann man ihnen
dann ganz andere Winkel bieten als den Heimkehrern. Sie eilen
der Spur nach, da sie ja alarmiert sind und infolgedessen am Spurende etwas „erwarten" können.

Ebenso sind augenlose Ameisen sowie Termiten ganz der Spur ausgeliefert und folgen ihr dann oft sklavisch; sie haben neben der Spur dann nur noch den Tastsinn, der weniger leicht die Veränderungen merkt als die Augen.

Je besser die Augen, desto weniger wirkt die Spur.

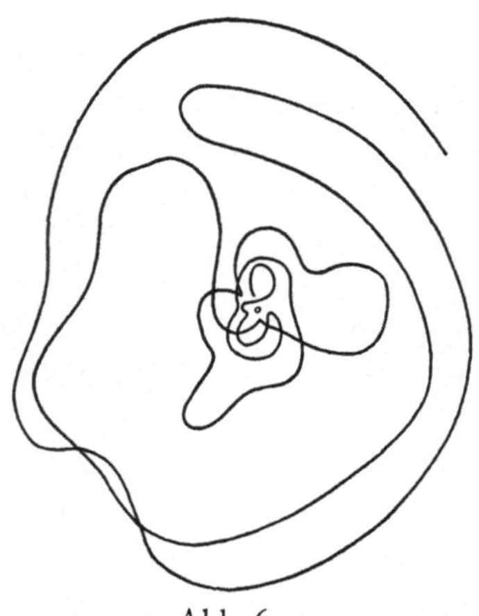

Abb. 62.
Weg einer alarmierenden Amcise
(Camponotus distinguendus).

So kommt es auch, daß bei unseren einheimischen Ameisen der Gattung Formica die Orientierung mit Hilfe der Spurbildung
sehr zurücktritt; diese mit guten Sehorganen ausgerüsteten Tiere
richten sich vielmehr nach dem Sonnenstand (vgl. Abb. 46) und
anderen durch die Augen vermittelten Merkmalen. Die Finderinnen

können allerdings auch hier durch eine Spur die Nestgenossen zur Beute hinführen, wie Abb. 59 zeigt, und ein Verwischen der Spur führt zu Verwirrung. Bedeckt man beispielsweise dann, wenn die Finderin im Nest verschwindet, ihren Heimweg mit einer Lage Sand, dann finden die Alarmierten nicht zur Futter-

Abb. 63. Acantholepis frauenfeldi läuft alarmierend heim.

quelle, wie dies Versuche mit der roten Ameise zeigten. Oft läuft aber bei diesen Formen die Finderin gar nicht heim, sondern bewacht und umkreist eine Futterquelle nur längere Zeit. Durch die Bewachung und Umkreisung wird aber die Umgebung gewissermaßen als Besitz erklärt (Abb. 62) und von dem Eigengeruch so erfüllt, daß Nestgenossen, die nach Alarm oder selbständiger Orientierung in die Nähe kommen, sofort angelockt werden. Etwas Derartiges finden wir dann auch bei den Arten, die sich durch den Besitz von Blattläusen auszeichnen, Erscheinungen, die wir ja schon kennengelernt haben.

Als eine Besonderheit ist noch eine Erscheinung zu berichten, die wir erst seit kurzem kennen: Die Benutzung von Geruchsspuren durch fremde Ameisen, die ganz anderen Arten oder Gattungen angehören. Wir sahen, daß die Cremastogaster-Ameisen eine sehr ausgeprägte Geruchsspur herstellen; diese wird insbesondere von den ähnlich gefärbten Camponotus lateralis *mitbenützt!* Durch Versuche ließ sich auch feststellen, *wie* dies

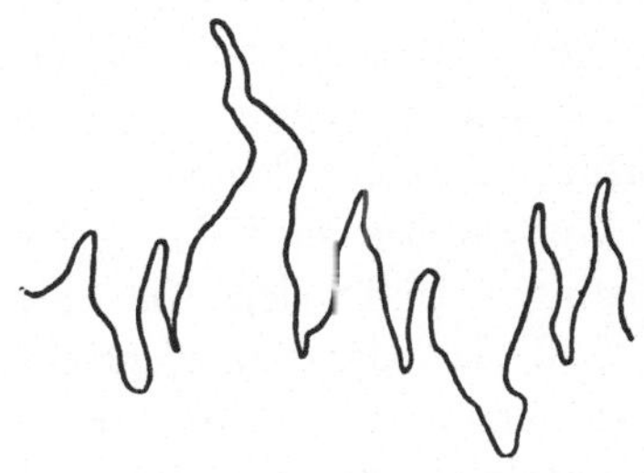

Abb. 64. Siehe Text.

zustande kommt: die Camponotus lateralis ließen sich nämlich auch an Kunstspuren aus Ameisensäure oder Formalin gewöhnen, die ich mittels eines Pinsels zwischen ihrem Nest und einem Futterplatz legte. Zunächst kümmerten sie sich nicht um eine solche Spur. Dann lernten sie dieselbe aber als bequemes Hilfsmittel kennen und gewöhnten sich daran, dieser Kunstspur zu folgen — auch dann, wenn ich Versuche in der Art der Abb. 52 und 53 ausführte, d. h. die Papierblätter, welche die Kunstspur trugen, *drehte*. In gleicher Weise lernt, wie Beobachtungen im Freien zeigten, die Camponotus lateralis nach und nach auch die Spur der Cremastogaster schätzen!

Die Suchwege und die Spurwege der Ameisen mögen manchmal recht wirr und unsinnig erscheinen; wenn man die Wege der Abb. 62 und 63 betrachtet, kann jemand vielleicht mit einem gewissen Recht fragen, warum der Weg gewunden und nicht gerade ist, und *Mark Twain* würde in solchen Suchwegen vielleicht ein erneutes Beispiel dafür sehen, daß die Ameise das dümmste Tier ist. Falls er sich allerdings verleiten ließe, eine solche Ansicht auch bei der Abb. 64 zu äußern, wäre er hereingefallen: das sind nämlich gar keine Ameisenwege, sondern die Kurven einer Alpenstraße, die vom Flugzeug aufgenommen worden ist! Ein Zeichen dafür, daß von einer höheren Warte aus unser eigenes Tun sinnlos erscheinen mag, wenn man die Zusammenhänge nicht erkennen kann.

Körperform und Arbeitsteilung

Was für Tiere sind es denn nun, welche die Vorstöße ins Unbekannte durchführen, den Alarm der Nestgenossen bewirken und Straßen herstellen? Wir haben ja doch im Nest eine Königin, und zu gewissen Zeiten auch Männchen, und daneben viele Arbeiter verschiedenen Alters und oft verschiedener Größe, sowie manchmal auch Soldaten.

Wer hat also die Führung bei den Vorstößen und wer ist nur Gefolge? Und welche Tiere bleiben im Nest bei der Brut?

Daß die Männchen nicht eine besondere Führerrolle spielen, weiß man schon aus früheren Abschnitten; sie sind nur zur Befruchtung ausfliegender junger Weibchen da. Die Königin hat ebenfalls keine Zeit für irgendwelche Regierungssorgen, außer der einen, die Bevölkerungszahl wachsen zu lassen und immer möglichst viel Eier zu legen; sie ist ans Nest gefesselt und hat ausgesprochenen Innendienst.

Es bleiben also für den Außendienst vor dem Nest nur die Arbeiter und Soldaten der verschiedenen Altersstufen, und man ist leicht geneigt, dem Soldaten eine besondere Rolle bei Erkundung und Vorstoß zuzuschreiben.

Wir müssen an dieser Stelle aber wiederholen, daß man sich unter den „Soldaten" nicht etwas besonders Kriegerisches, Stürmisches vorzustellen hat; es bezeichnet dieser Name nur eine bestimmte *Körperform*, die von den übrigen Nestinsassen abweicht; meist sind die *Köpfe* größer als sonst und erreichen oder übertreffen den der Königin. Durch diese Riesenschädel sind aber nun manche Soldaten an verschiedenen Tätigkeiten behindert, wie beispielsweise bei der Pflege der Pilzgärten oder auch bei der Versorgung der Eier und jüngsten Larven. Im Nest finden sie also kaum Beschäftigung; und da eine arbeitslose Ameise nach einiger Zeit der Ruhe stets Beschäftigung *sucht*, finden wir tatsächlich bei manchen Formen die Großköpfe recht oft vor dem Nest. Sie stellen damit mehr Teilnehmer des Außendienstes als die kleinen Arbeiter; sie sind auf Erkundung, tragen neu gefundene Beute ein und stehen infolgedessen auch bei Angriffen auf das Nest bereit. So ist es beispielsweise bei den Körnersammlern und besonders bei den Pilzzüchtern, bei welchen überhaupt die Teilung der Arbeit am weitesten gediehen ist. Die verschiedenen Größen der vielen Übergangsformen zwischen Arbeitern und Soldaten scheinen dort auch gelegentlich bei *Einzeltätigkeiten* des Außendienstes bevorzugt zu sein. Bei anderen Arten ist eine solche Aufteilung innerhalb des Außendienstes nicht zu finden, wie denn überhaupt die Arbeitsteilung nach der Größe stets nur als vorherrschende Tendenz und nie als starre Notwendigkeit aufzufassen ist; oder mit anderen Worten, wir finden bei den einzelnen Tätigkeiten auch andere Größen neben der bevorzugten Form, und damit auch Großköpfe im Innendienst, wie bei Bautätigkeit im Nest, sowie bei Pflege der Eier, Larven und Puppen.

Wenn von den Großköpfen der Außendienst bevorzugt wird, liegt dies übrigens meist auch darin begründet, daß sie weniger *arbeitsstet* sind, also nie lange bei einer Tätigkeit ausharren; ob dies davon kommt, daß sie an ihrem Dickschädel schwer zu schleppen haben und daher leichter ermüden, kann man nicht mit Gewißheit behaupten. Vieles spricht jedenfalls dafür, und die Unstetigkeit der Soldaten ließ sich bei den körnersammelnden

Messor-Arten immer wieder statistisch feststellen: Bei einem bestimmten Versuch trugen z. B. zwei kleine Arbeiter innerhalb von 20 Stunden 547mal Körner ein, zwei Großköpfe dagegen nur 34mal, obwohl sie ebenfalls dauernd aus und ein liefen. In einem anderen Versuch wechselten sieben Dickschädel in 10 Tagen 19mal die Tätigkeit, sieben kleine Tiere nur 3mal.

Dieser Mangel an Arbeitsstetigkeit ist auch die Ursache, daß ein Nest von *nur* Soldaten die Brut schlechter oder gar nicht aufzieht, obwohl, wie ja schon betont, auch die Soldaten Weibchen sind: sie stehen, wie wir noch sehen werden, den echten Weibchen sogar noch näher als die kleinen Formen, die sich nun oft gerade durch eine große Beharrlichkeit bei der Arbeit auszeichnen.

Aber auch die Arbeitsstetigkeit der mittleren und kleineren Arbeiterformen kann zu Unzweckmäßigkeiten führen: Tiere, die ganz auf Bautätigkeit eingestellt sind, räumen ununterbrochen die Erde aus dem Nest, sofern man es genügend feucht hält, und zwar so lange, bis alles einstürzt und schließlich überhaupt keine Erde mehr da ist. Eine andere Unzweckmäßigkeit kann man beobachten, wenn man eine Kolonie von nur kleinen Exemplaren und viel Brut zusammenstellt. Trotz eifrigster Pflege verringert sich nämlich die Zahl der Larven und Eier, da die Tiere oft eher die Brut auffressen, anstatt zu dem ganz nahen Futter zu gehen.

Neben dieser auf *gestaltlicher* Grundlage beruhenden Arbeitsteilung gibt es dann noch eine zweite, die in dem *physiologischen* Zustand der Tiere begründet ist. Junge, gerade geschlüpfte Exemplare bleiben nämlich zunächst im Nest, wo sie sofort die Pflege der Brut übernehmen. Der Übergang zu einer anderen Tätigkeit kann zu verschiedener Zeit erfolgen. Ist noch viel Brut zu pflegen, so bleiben die jungen Tiere länger im Innendienst; bei wenig Brut erscheinen sie ziemlich früh auch bei anderen Arbeiten. Es liegt dies daran, daß eine Ameise es nie lange ohne Tätigkeit aushält, wie bereits erwähnt wurde; besteht keine Möglichkeit mehr, die Brut zu pflegen, wird schließlich eine andere Arbeit aufgenommen.

Der Übergang von der Brutpflege zu einer anderen Tätigkeit vollzieht sich meist so, daß ein arbeitsloses Junges bei einer Arbeitsgruppe gewissermaßen zuschaut. Es läuft beispielsweise mit den Sammlerinnen ein Stück mit, wenn diese Baumaterial oder Körner von Kammer zu Kammer schleppen; schließlich packt es, gleichsam spielerisch, selbst mit an und arbeitet dann weiter. Auf dieselbe Weise ordnen sich übrigens auch erwachsene Tiere, die ohne Tätigkeit sind, den Arbeitsscharen ein.

Zwischen Innendienst und Außendienst schiebt sich häufig eine Tätigkeit als Wächter. Diese kommt dadurch zustande, daß der junge Arbeitslose bis in die Nähe des Ausgangs vorgedrungen ist, dort aber haltmacht. Der Drang nach außen wird durch eine ebenso große Scheu vor dem Unbekannten gehemmt. Ist diese Hemmung dann überwunden, so wird in der früher hier beschriebenen Weise nach und nach die Außenwelt erkundet. Übrigens sind keineswegs immer nur *junge* Tiere als Wächter tätig, so daß wir es hier nicht mit einem regelmäßigen „Wächteramt" zu tun haben, das etwa an ein bestimmtes Alter gebunden ist.

Die Arbeitsteilung der Ameisen erinnert oft an die der Bienen, wo ja auch ganz verschiedene Tätigkeiten, wie Brutpflege, Bau der Waben, Verteidigung des Stockes und Beschaffung der Nahrung, nötig sind. Auch dort zeigt es sich, daß verschiedene Altersstufen für die einzelnen Tätigkeiten in Betracht kommen. Es gibt also nicht Baumeister und Brutammen, Wächter und Futtersammler, die solches Amt ihr Leben lang ausüben, sondern jede Arbeitsbiene leistet sämtliche dieser Arbeiten nacheinander. Ganz anders also als bei den menschlichen Gemeinschaften.

Der Grund ist hier bei den Bienen auch bekannt; die einzelnen Tätigkeiten sind abhängig von der körperlichen Entwicklung. Nur junge Arbeitsbienen können die Brut füttern, da nur sie im Kopf die dazu nötigen Speichel- und Futterdrüsen besitzen. Nach dem 10. bis 20. Lebenstage verkümmern diese Drüsen, und es entwickeln sich dafür am Hinterleib andere, die Wachsdrüsen. Nun beschäftigen sich die Arbeiterinnen der Bienen mit dem Bau der Waben. Und wenn nach dem 20. Tag auch die Wachsdrüsen verkümmern, werden die Tiere für die letzte Lebenszeit Trachtbienen, die Honig und Blütenstaub eintragen.

Solche Abhängigkeit von wechselnden körperlichen Entwicklungsstadien lassen sich bei den Ameisen ebenfalls nachweisen. Nur die *junge* Königin ist befähigt, Brut aufzuziehen. Nimmt man ihr die ersten Eier weg, so kann sie vielleicht noch ein- oder zweimal von neuem die Gründung eines Staates versuchen; wie oft, ist bei den einzelnen Arten verschieden. Stets kommt aber ein

Augenblick, wo es ihr *nicht* mehr gelingt. Selbst wenn sie unter besten äußeren Bedingungen gehalten wird und reichlich Futter erhält, werden die Eier nie bis zu erwachsenen Arbeitern aufgezogen. Auch hier beginnen die Futterdrüsen, die zunächst vorhanden sind, zu verkümmern. Ebenso sind die Arbeiterinnen in der Jugend bessere Pfleger als im Alter; eine solche Starrheit im gesetzmäßigen Ablauf der Entwicklung wie bei den Bienen ist aber nicht zu finden.

Die auf gestaltlicher und physiologischer Grundlage beruhende Arbeitsteilung genügt überhaupt nicht ganz, um alle Erscheinungen zu erklären. Es wurden oftmals Nester zusammengestellt, in denen alle Insassen durch feine Farbflecke bezeichnet waren und damit stets wieder erkannt werden konnten. Wenn man bei solchen Tieren über die Tätigkeit Protokoll führt, wie dies bei einigen Messor-Ameisen von der Geburt bis an ihr Lebensende geschah, dann zeigt es sich, daß manche Individuen immer eine *bestimmte* Arbeit bevorzugen, ohne daß eine der bereits aufgeführten Ursachen dafür zu erkennen wäre. Um zu sehen, ob sich solche Spezialarbeiter nicht doch umstimmen lassen, wurden in einigen Versuchsnestern aus numerierten Tieren zwei Gruppen gebildet, die auf Sammeltätigkeit und auf Brutpflege eingestellt waren. Erstere erhielten nur Eier und Larven, ohne die Möglichkeit, etwas anderes zu tun, letztere kamen ohne jede Brut in ein neues Nest, wo es Reinigungs- und andere Arbeiten auszuführen galt. Es dauerte stets längere Zeit, bis eine Umstellung auf die neue Arbeit eingetreten war, in einem Falle waren aber bereits nach 6 Tagen verschiedene Tiere mit der neuen Tätigkeit beschäftigt. Manche blieben diesen Arbeiten auch dann treu, als sie wieder in ihr altes Nest zurückversetzt wurden, wo sie die Bedingungen ihrer früheren Tätigkeit wieder fanden, andere kehrten aber zu ihrer bevorzugten Arbeit zurück. Ähnliche Versuche führte ich auch an frisch gefangenen Ameisen aus, mit demselben Erfolg. Es geht daraus hervor, daß eine Bevorzugung irgendeiner Tätigkeit oft ebenfalls auf die Arbeitsstetigkeit zurückgeführt werden muß. Das Tier ist vielleicht von Anfang an aus irgendeinem Grund gerade auf diese Beschäftigung eingestellt, daß eine andere zunächst gar nicht in Betracht kommt, und bleibt ihr dann treu, solange es geht. Es bilden sich so dann ganz verschiedene

„Charaktere" heraus, wie sie jeder Ameisenbeobachter kennt, der seine Tiere genau beobachtet oder sogar heranwachsen sieht.

Wir haben demnach in diesen individuellen Verschiedenheiten ein *psychisches* Moment bei der Arbeitsteilung, das zu den auf *gestaltlichen* Ursachen der Körperform beruhenden und dem *physiologischen* der Entwicklungsstufe tritt; es dient in weitem Maße dazu, die größere Mannigfaltigkeit im Ameisenstaat gegenüber dem mehr starren Bienenstock zu fördern.

Trotz der manchmal zu beobachtenden Unzweckmäßigkeiten zeigen übrigens die Insektenstaaten oft in ganz erstaunlicher Weise, daß sie eine neue Einheit darstellen, eine Ganzheit, die mehr ist als nur die Zusammenfügung vieler Einzelwesen. Einem Bienenvolk wurde beispielsweise durch einen besonderen Eingriff der größte Teil der Bauarbeiter entzogen; es waren also keine Tiere im Stock, die Wachs bereiten konnten. Darauf wurde das Volk in eine Lage versetzt, wo der Bau von Waben dringend nötig war. Und es *wurde* gebaut, von Bienen, die über das Alter des Wachsbereitens hinaus waren, deren Wachsdrüsen schon zusammengefallen und leer erschienen. Fettgewebe mit nährstoffreichen Zellen trat an die verkümmerten Wachsdrüsen heran, lud sie gewissermaßen auf und brachte sie wieder zur Entfaltung, wie die mikroskopische Untersuchung zeigte.

Bei anderen Bienenstöcken wurde der Staat in ein „Jungvolk" und ein „Altvolk" getrennt. Das Jungvolk war ohne Trachtbienen; es fehlten also ältere Tiere, welche ausflogen und Futter eintrugen. So waren die geringen noch vorhandenen Futtervorräte rasch verbraucht, und schon nach 2 Tagen bot sich ein trauriges Bild: ein Teil der Bienen lag verhungernd am Boden. Aber schon am dritten Tag kam eine Wendung. Bienen im Alter von 1 bis 2 Wochen flogen aus, was sie sonst erst nach etwa 3 Wochen tun, und kehrten beladen heim. Durch die volle Entwicklung ihrer Futterdrüsen wären sie zu Pflegerinnen gestempelt; aber nicht die körperliche Verfassung, sondern das Bedürfnis des Volkes gab den Ausschlag. Die Drüsen fügten sich und verkümmerten in wenigen Tagen.

Auf der anderen Seite, beim Altvolk, fehlte es an Brutpflegern. Hier trat in die Bresche, was noch irgendwie jugendlich war, und behielt Futterdrüsen weit über das übliche Maß hinaus.

Im Ameisenstaat gibt es ja eine so strenge, durch körperliche Zustände bedingte Arbeitsteilung von vornherein nicht. Immerhin sind junge Innendienst- und alte Außendiensttiere zu unterscheiden, die oft *nicht* zu einer anderen Arbeit übergehen, wie wir sahen. In Fällen der Not geschieht dies aber doch. So wurden bei Messor-Nestern, die nur aus Außentieren mit viel Brut zusammengestellt waren, die Eier, Larven und Puppen völlig vernachlässigt, so daß fast alles verkam. Schließlich bequemten sich aber doch die Ameisen zu einer Umstellung: sie begannen die Eier zu pflegen, die noch vorhanden waren, und taten dies noch im Alter von einem Jahr, in einem Alter also, in dem sie es bei normalen Völkern nie tun.

Außerdem finden wir bei Ameisen (und auch bei den Bienen) noch folgenden eigenartigen Vorgang: Sind die Staaten ohne Königin, dann treten oft Arbeiter an ihre Stelle. Meist sind es Arbeiter, die schon normalerweise den echten Weibchen ähnlicher waren als die Mehrzahl der Genossen, besonders Soldaten oder große Arbeiter, die, wie wir noch sehen werden, oft Übergänge zu der Gestalt der Königinnen zeigen (vgl. Abb. 78). Solche Ersatztiere legen dann Eier, oft sogar in großer Zahl; sie kommen damit den Pflegebedürfnissen ihrer Genossen entgegen und verzögern den Verfall, wenn sie ihn allerdings auch nicht ganz aufzuhalten vermögen: Aus ihren Eiern entstehen nämlich, wie wir später noch genauer festzustellen haben, Männchen, die, wie wir schon wissen, sich an keiner Arbeit beteiligen.

Wenn auf diese Weise in Bienen- und Ameisenvölkern die Nestgenossen bei Gefahr für den Staat weit mehr zu leisten vermögen als sonst, ist man versucht zu sagen: Hier regiert der Wille den Körper. Aber wir wissen leider nichts von dem Willen der Bienen und Ameisen; wir müssen dies Rätsel ungelöst lassen und uns mit der Feststellung begnügen, daß die Insektenstaaten sich oft wirklich wie ein einheitlicher tierischer oder menschlicher Organismus verhalten, bei dem in Gefahr für das Leben ja auch oft Unerhörtes geleistet werden kann.

Die geistigen Fähigkeiten

Mit der Feststellung individueller Verschiedenheiten der Nestgenossen kommen wir auf ein Gebiet, das früher im Brennpunkt der Erörterungen über die Insektenstaaten stand und damals in die Frage: „Vernunft oder Instinkt" zusammengefaßt wurde. Beide Ansichten fanden begeisterte Befürwortung, und beide Parteien suchten Beispiele für ihre Meinung. Auch jetzt findet man oft noch Darstellungen, welche zeigen sollen, wie „gescheit" die Ameisen sind und wie „raffiniert" sie es anstellen, zu den Vorräten der Hausfrau zu gelangen, u. dgl. mehr. Solche Beispiele wird jeder aufmerksame Leser der vorhergehenden Abschnitte meist recht einfach erklären können: Irgendeine Ameise, die auf Nahrungssuche sehr weit vorstieß, fand schließlich die Vorräte, auch vielleicht an ganz versteckter, schwer zugänglicher Stelle, durch ein Loch im Schrank oder über einen Faden hinweg. Die Finderin legte eine Spur und alarmierte, so daß es in Kürze da von Ameisen wimmelte, wo man vorher „keine Spur" von ihnen sah. Das einzelne Tier entgeht eben leicht der Beobachtung.

Auch die immer wieder geschilderten, so „gescheit" durchgeführten Ausbruchsversuche aus einem Gefäß oder einem künstlichen Nest gehören in dies Gebiet, und wirklich hat damit auch der Forscher stets zu kämpfen. Jeder Korken einer einfachen Beobachtungstube (Abb. 65) und jede Wand eines weitläufig angelegten Gipsnestes (Abb. 66) wird schließlich einmal durchlöchert, und die Tiere brechen aus. „Das ist der Drang nach der

Abb. 65. Künstliches Nest in einer Glastube (Zuchttube). Zwischen durchbohrte Korkscheibchen sind Steinchen und Erde geschichtet, zwischen denen die Ameisen ihre Kammern einrichten. (Auf die Hälfte verkleinert.)

Freiheit; sie *wissen*, daß sie eingesperrt sind, und sie *wollen* aus ihrem Gefängnis heraus"; so heißt es dann, mit besonderer Betonung des „wollen". Solche Meinungen erscheinen berechtigt; aber wie verblüfft ist dann der so voreingenommene Beobachter, wenn er sehen muß, daß die ausgebrochenen Emsen bei Gefahr wieder in ein wohleingerichtetes Kunstnest *zurücklaufen*! Besonders bei meinen Pheidole-Kulturen, die zunächst in kleinen Tuben in der Art der Abb. 65 gehalten wurden, war es stets ein nettes Bild, die ausgebrochenen Ameisen in größter Eile auf die Tuben hinlaufen und schleunigst in das mühsam gebohrte Loch im Korken verschwinden zu sehen. Und wenn man hungrigen Tieren gar noch außen Futter reicht, dann beeilen sie sich um so mehr, so schnell wie möglich wieder „nach Hause", in die kleine Tube oder in das Gipsnest, zu kommen, um das Mitgebrachte zu verteilen.

Hierfür noch einige Beispiele: Einmal hatten die Tiere ein Loch schon ziemlich erweitert, und ich fürchtete das Schlimmste, zumal da allerlei Nestmaterial außen vor der Öffnung aufgehäuft war. Es zeigte sich jedoch, daß die Pheidole nur ihren Abfall aus dem Kunstnest herausgeworfen hatten. Sie selbst waren im Innern geblieben, ein Zeichen, daß sie sich dort wirklich wohl fühlten. Ein anderes Mal hatte ich einige Tiere dadurch ausgesperrt, daß ich den durchnagten Korken verklebte. Am anderen Tage waren diese ausgesperrten Tiere eifrig bemüht, von *außen* den Korken zu durchnagen, um nur ja wieder ins Nest hinein zu können.

Ähnlich verhielten sich auch meine Messor-Ameisen, die ich in Mallorca, und Solenopsis-Arten, die ich in Chile aus Gipsnestern sogar in ihre natürliche Umgebung auslaufen ließ. Sie eilten manchmal über die

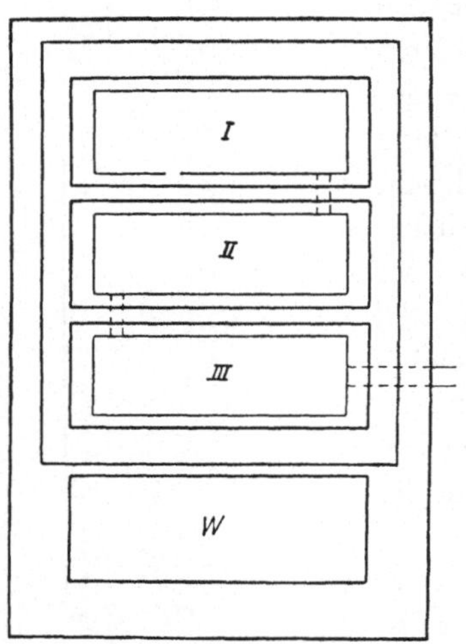

Abb. 66. Künstliches Ameisennest in einem Gipsblock. Die Kammern I bis III sind mit einer kleinen Glasscheibe (Objektträger) verschlossen, das Ganze außerdem noch durch eine größere Glasplatte bedeckt. Die Abteilungen II und III bleiben verdunkelt; an Abteilung III kann mit Glasrohr dann noch eine Zuchttube in der Art der Abbildung 65 angeschlossen werden. Außerdem ist noch vorhanden eine Wasserkammer *W*; das dorthinein gegossene Wasser verteilt sich im Gipsblock und befeuchtet die Kammern verschieden (Nr. III stark, Nr. II geringer, Nr. III ganz wenig), so daß sich die Ameisen die ihnen zuträgliche Feuchtigkeit selbst suchen können.

Terrasse, auf der das Nest aufgestellt war, bis ins Freie, um dort Körner, Samen oder Brotstückchen zu holen. Man mußte dann oft allerdings stundenlang warten, bis alles wieder „zu Hause" war, und manchmal ging auch das eine oder andere Tier verloren. Sie benahmen sich also wie die Bienen eines Bienenstockes, die wir ja auch in Kunstnestern halten können, wenn wir ihnen in ihren biologischen Bedürfnissen richtig entgegenkommen. Wir dürfen also die wohleingerichteten Nester nicht als „Kerker" und ebensowenig die dort lebenden Ameisen als „Gefangene" betrachten — sondern viel eher als Wesen, die sich in „gesicherter Lebensstellung" befinden, die sie nicht gern verlieren.

Warum brechen sie denn dann überhaupt aus, wenn sie sich in gut eingerichteten Nestern wohl fühlen? Einfach aus dem Drang, ihr Nestgebiet zu vergrößern, aus demselben Drang, der sie auch zu *Einbrüchen* führt. Beobachtet man die Tiere genauer, so findet man als Beginn solcher Ausbrüche stets dasselbe: irgendeine Arbeitslose fängt an zu nagen, einmal hier, einmal dort. Geht es gut vorwärts, so gerät sie in Eifer und steckt damit andere, ebenfalls Beschäftigungslose an. So bildet sich eine Arbeitsgruppe, in derselben Weise wie beim Futterfinden, und das Loch vergrößert sich immer mehr. Für den Forscher ist's dann Zeit aufzupassen, und zwar am besten dadurch, den Arbeitseifer abzulenken auf ein anderes Gebiet. Oft genügt eine Drehung des Nestes; die Tiere finden dann ihre Arbeitsstätte nicht so bald wieder und beginnen irgend etwas anderes.

Wie sehr solche Tätigkeit meist nur ungestillter Arbeitseifer ist und nicht „bewußter Ausbruchswille", dafür könnte man viele, viele Beispiele anführen. So hört die Bohr- und Nagetätigkeit vielleicht gerade dann auf, wenn nur mehr ein kleines Stück Arbeit zu leisten ist; oder die Ameisen durchbohren *neben* einem großen Zugang von einer zur anderen Kammer in einem Kunstnest (Abb. 66), oder *neben* breiten Löchern zwischen zwei Korkscheiben einer Tube (Abb. 65) mit Mühe einen neuen feinen Kanal, u. dgl. mehr.

Sollen wir wegen solcher uns sinnlos erscheinenden Handlungen aber nun die Ameisen für die „dümmsten Tiere" erklären, wie dies der amerikanische Schriftsteller tat? Nein und abermals nein! Denn was sie zu leisten vermögen, ist oft außerordentlich erstaunlich; nur muß man sich auf die „Psyche" der Ameisen etwas einstellen und darf nicht mit menschlichen Voraussetzungen ihre Leistungen betrachten, wie beispielsweise *Mark Twain*.

Sehen wir uns noch einmal die Erkundung einer Einzelameise an, die erstmalig aus dem Nest kommt, um die Umgebung kennenzulernen (Abb. 44). Wir müssen dann, wenn wir solche Tiere betrachten, oft wirklich staunen, wie schnell sie lernen. So hatte ich z. B. einmal eine Tube mit den ganz kleinen, oft in Gewächshäusern eingeschleppten tropischen Tapinoma melanocephalum in eine Brusttasche gesteckt, um sie nach dem Laboratorium zu tragen. Während des etwa dreiviertelstündigen Weges hatten die Tiere sich einen Ausgang verschafft und liefen, was ich erst später bemerkte, überall auf meiner Jacke herum. Sie hatten aber bereits diese für sie doch ganz unbekannte Gegend so genau erkundet, daß sie bei Störung sofort wieder „heim" eilten, d. h. eben in diesem Fall in die Tube in meiner Brusttasche.

Genauer daraufhin durchgeführte Versuche zeigten, daß diese kleine sehr schnelle Ameise schon im Zeitraum von einer halben Stunde einen Umkreis von etwa 75 Zentimetern genau „kennt", so daß sie die Lage des Nesteingangs „weiß" und auf geradem Wege zurückkehrt. Sie muß also in sehr kurzer Zeit lernen, d. h. die Eindrücke sich so einprägen, daß sie bleibend werden. Es ist nicht etwa irgendeine magische Kraft, die das Tier zum Nesteingang zieht, wie man früher eine Zeitlang glaubte; denn wenn man den Nesteingang verschiebt, dann *sucht* die Ameise zunächst an der Stelle, wo er früher war, um sich dann an die neue Lage erst zu *gewöhnen*. Bei einem Hingezogenwerden, nach der Art eines Magneten, müßte die Verschiebung des Nestes nichts ausmachen.

Daß es sich wirklich um ein Lernen und Gewöhnen sowie um ein Verknüpfen von Erfahrungen („Assoziieren") handelt, lehren oft die Fehlleistungen und Irrtümer, die sich bei veränderter Situation ergeben:

In einer größeren „Auslaufsarena", d. h. einem mit einer Glasplatte bedeckten Kasten oder Rahmen, der mit dem Kunstnest durch ein Glasrohr in Verbindung gebracht werden konnte, wurde ein Hindernis aufgestellt: eine schwarze Glasschale, welche die Messor-Ameisen rechts oder links auf ihrem Wege vom Eingang zur Futterquelle umgehen mußten. Das Futter wurde an der entgegengesetzten Ecke gereicht (Abb. 71 F). Alle Tiere des Nestes, die mit einem Farbflecken kenntlich gemacht waren, konnte man genau verfolgen. So hatte Ameise Nr. 26, kenntlich durch einen roten Fleck am Brustabschnitt und einen weißen am Hinterleib, schon einige Tage vom Futterhaufen aus Körner auf dem auf Abb. 67 mit I. bezeichneten Weg eingetragen.

Ein anderes Tier hatte den Weg anders herum gewählt (X); es geht uns später nichts mehr an und ist nur angeführt, um die individuelle Verschiedenheit zu zeigen. Als dann das Hindernis an die Arenawand geschoben wurde, mußte die Ameise Nr. 26 mühsam zwischen Schale und Wand hindurchklettern (Abb. 68, II). Beim folgenden Ausmarsch *stutzte* das Tier sichtlich, als es an die Schale kam, und ging *nicht* durch die Sperre hindurch; es suchte sich vielmehr durch Erkundungsgänge einen anderen Weg, nämlich den rechts um die Schale herum (Abb. 68, III). Auf dem Rückweg wurde dann aber wieder die Sperre durchklettert.

Beim vierten Ausmarsch wählte dann die Ameise den Weg *unmittelbar* zum Futter (Abb. 69, IV). Der Rückweg erfolgte jedoch folgendermaßen: Zunächst ging das Tier mit einem Rechtsbogen an die Sperre heran. Dort angekommen, zögerte es, kehrte um und umlief dann die Schale links (Abb. 69, IV), und ähnlich ging es dann bei einigen weiteren Rückmärschen. Schließlich erfolgt die Umkehr schon oft, *bevor* die Sperre wirklich erreicht war, und zwar sowohl beim Hin- wie beim Rückweg (Abb. 70, VI und VII). Zuletzt endlich wurde jeder Gang unter Vermeidung der Sperre durchgeführt, ohne erst eine falsche Richtung einzuschlagen.

Ein ähnlicher Versuch sei gleichfalls noch angeführt: Aus einem Kunstnest ließen wir Messor-Ameisen auslaufen in eine Labyrinth-Arena, die in Abb. 71 wiedergegeben ist. Die Kammer D enthielt am unteren Ende 15 Rübsamen, die Kammer E 15 Fenchelkörner. Das Auffinden der Rübsamen verlief in der nun schon bekannten Weise: Aufregend wurde es erst, als die Ameise die letzten Rübsamen abgeschleppt hatte. Das Tier begann nämlich daraufhin in der Kammer D nach weiteren Samen zu *suchen*. Nachdem dies vergeblich war, verließ es diese Kammer und geriet

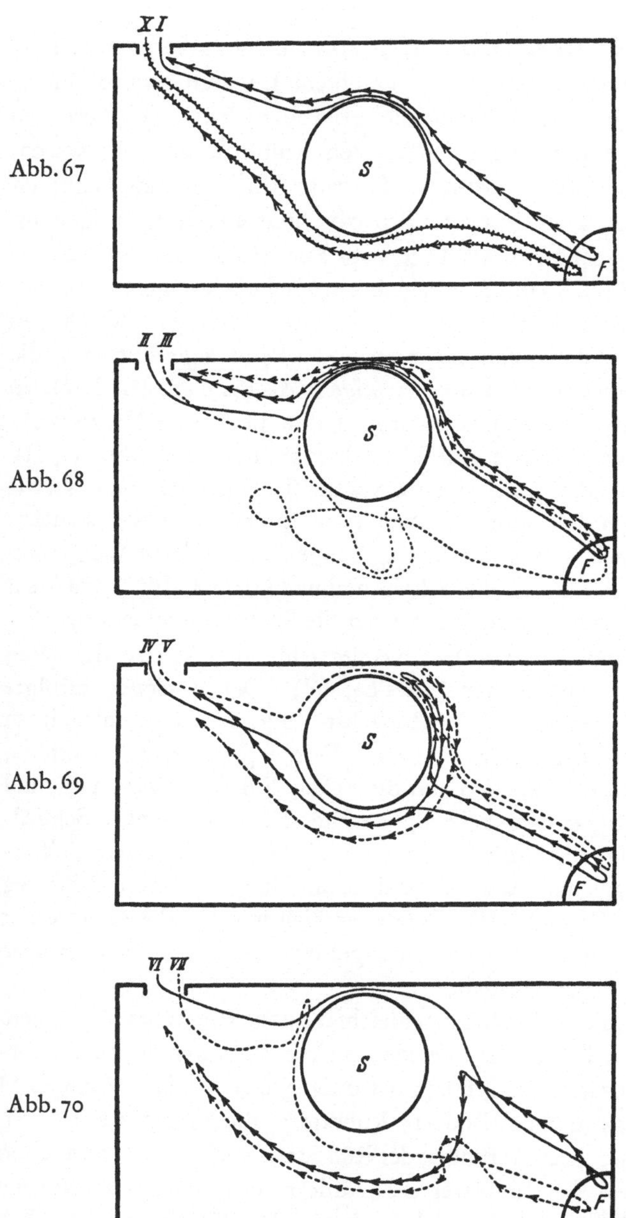

Abb. 67

Abb. 68

Abb. 69

Abb. 70

Abb. 67—70. „Gedächtnisprüfungen" bei Messor-Ameisen. Weg zum
Futter *ohne*, zum Nest zurück *mit* Pfeil. Weiteres siehe Text.

nach mancherlei Irrwegen in die Kammer E zu den Fenchelkör-
nern (Abb. 71 I). Ein solcher Samen wurde ins Nest geschleppt,
und die Ameise erschien wieder in der Arena, zunächst in Kammer D, um sie genau zu durchsuchen. Nach vergeblichem Be-
mühen wurden dann schließlich die Körner bei E wieder gefunden
und ins Nest geschleppt.

Dieser Vorgang wiederholte sich dann noch einmal; bei der
dritten Wiederholung ging das Tier nur ein ganz kurzes Stück in
die Kammer D hinein (Abb. 71 II). Dann machte es kehrt, ohne
erst tiefer eingedrungen zu sein, und ging nun sofort zu Kammer E. Es war nun spannend, zu beobachten, ob sich die Amei-se nun *dauernd* an die neue
Lage erinnerte. Das war zunächst *nicht* der Fall; sie
kam noch zweimal falsch in die Kammer D. Stets
bemerkte sie aber den Fehler schon nach den
ersten Schritten; sie ging nicht weiter hinein, auch
dann nicht, als in diese

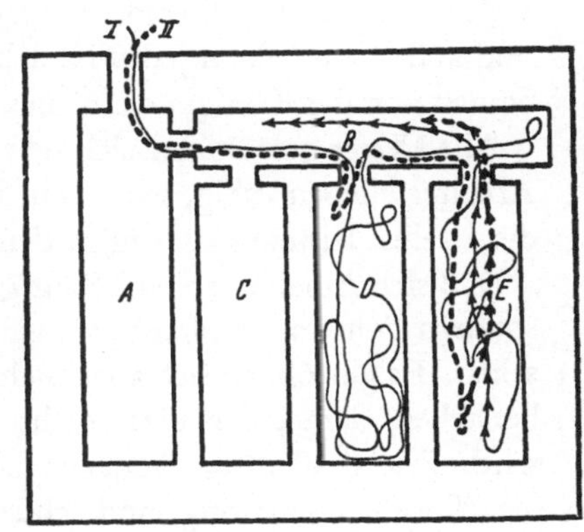

Abb. 71.
Labyrinth für „Gedächtnisprüfung".
Siehe Text.

Kammer D jetzt einige Fenchelkörner *neu* hineingelegt worden
waren. Vielmehr machte das Tier stets sofort am Eingang wieder
kehrt, um schließlich zur Kammer E zu eilen, die dann nach und
nach restlos geleert wurde.

Die Messor-Ameisen, welche diese Leistung vollbrachten, zeigten uns damit in hohem Maße psychische Fähigkeiten; und zwar
nicht nur darin, *daß* sie die neue Lage meisterten, sondern *wie* sie
es taten. Gerade aus den Irrungen und ihren später immer wieder
erfolgten Verbesserungen läßt sich entnehmen, daß eine bestimmte
„geistige Arbeit" geleistet wird.

Daß ganz junge Tiere zunächst eine gewisse „Schule" durch-
machen müssen und keineswegs von Anfang an allen Anforderun-
gen entsprechen, wurde früher schon erwähnt; die frisch geschlüpften Ameisen benehmen sich zunächst sogar dem Futter

oder einer Beute gegenüber oft so ungeschickt, wie es bei älteren nie vorkommt. Jüngere Tiere lassen sich aber wiederum daran gewöhnen, auch mancherlei als richtig hinzunehmen, was ältere sehr aufregt; sie lernen z. B. dauernde Erschütterungen in Kunstnestern als „selbstverständlich" hinzunehmen. So mußten wir einige Male beispielsweise versuchen, eine Anzahl Nester zusammenzustellen, hatten aber immer nur eine einzige Königin. Wir halfen uns dadurch, daß die Königin immer nur in jedem Nest auf ein paar Tage zu *Besuch* kam. Es wurde dadurch die Unruhe vermieden, welche stets in weibchenlosen Nestern nach einiger Zeit eintritt; und außerdem bekam jedes Nest bei einem solchen Monarchenbesuch von der Königin dann eine Anzahl Eier gelegt!

Alle Nester gewöhnten sich sehr schnell an die Störungen; die Arbeiter blieben ruhig, wenn wir die Königin herausholten, und diese selbst leistete später nicht den geringsten Widerstand.

Daß sich Ameisen an eine Spur gewöhnen, die *nicht* von ihnen, sondern von einer anderen Art gelegt war, haben wir schon gesehen. Es gewöhnen sich aber auch die Ameisen, welche die Spur herstellen, daran, daß diese nicht nur von ihnen allein benutzt wird. Zuerst allerdings verjagen sie die Eindringlinge; später ist die Abwehr nur gering, und schließlich tritt Duldung ein. Zur allmählichen Gewöhnung trägt allerdings in dem früher beschriebenen Fall sicher bei, daß die einen nach und nach etwas vom Duft der anderen mit annehmen, und bei der gemeinsamen Spurbenutzung die Nutznießer, Camponotus lateralis, in der Färbung des Körpers den Cremastogaster so ähnlich sind, daß sogar Ameisen-Sammlern Verwechslungen unterliefen.

Man macht, wie erwähnt, in all solchen Fällen immer die Beobachtung, daß sich besonders junge Tiere an alles mögliche Neue gewöhnen; alte sind weniger umbildungsfähig. Setzt man beispielsweise aus einem Ameisenstaat im Freien junge und alte Tiere in ein Kunstnest ein, dann geschieht fast immer folgendes: Am Tag nach dem Einsetzen sind eine Anzahl Tiere tot, ohne irgendwelche Verletzungen zu zeigen. Auch die folgenden Tage gibt es noch Verluste. Stets sind es nur ältere Tiere, die dabei absterben, niemals junge. Die schon länger lebenden können sich an die neue Lage nicht mehr gewöhnen, genau so wenig wie ältere Menschen, die aus ihrer gewohnten Umgebung herausgerissen sind. Sie werden unruhig, regen sich oft schrecklich auf und verfallen tatsächlich so einem Aufregungstod oder einem plötzlichen „Hirnschlag".

Wenn wir hier bei solchen Fällen von höheren psychischen Eigenschaften sprechen, müssen wir aber stets folgendes bedenken: Das, was eine Ameise als Einzeltier vermag, bleibt stets auch bei den Höchstleistungen ohne Einsicht in die Beziehungen zwischen Mittel und Zweck; und eine Erkenntnis von Ursache und Wirkung fehlt erst recht. Alle Versuche, die unternommen wurden, um den Verstand und die Vernunft zu prüfen, schlugen völlig fehl.

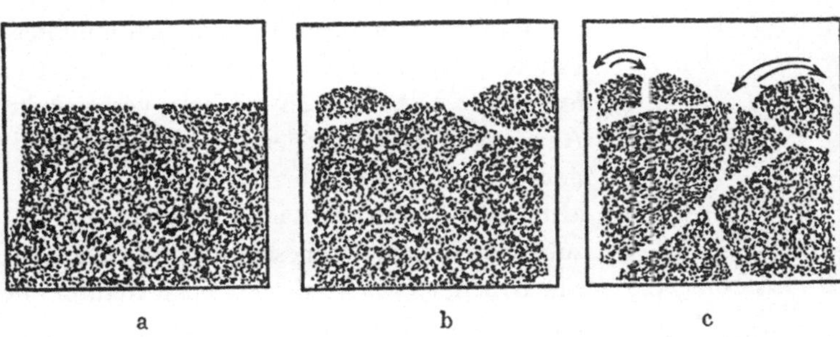

a   b   c

Abb. 72. Gegeneinanderarbeiten von einzelnen Gruppen bei der chilenischen Ameise Solenopsis gayi in einem Kunstnest wie in Abb. 32. In der zwischen den 2 Glasplatten eingefüllten Erde hatten die Tiere schon nach 4 Stunden erste Nestanlagen hergestellt; ein Graben ging an der Nestkante senkrecht in die Tiefe, der andere von der Mitte schräg nach rechts (Abb. 72a). Nach weiteren 4 Stunden war neben jedem der Eingangslöcher ein zweites entstanden, und die dort beschäftigten Ameisen warfen die hier herausbeförderte Erde in die Löcher hinein, in denen die Genossen arbeiteten (Abb. 72c). (Am folgenden Tag war aber trotz des Gegeneinanderarbeitens ein richtiges Kraternest in der Art der Abb. 36 entstanden, mit erweiterten Kammern und Verbindungswegen, so daß das Endergebnis so war, als ob von Anfang an nach einem *Plan* gearbeitet worden wäre.)

Man hat z. B. auf einer Ameisenstraße eine Scheibe mit Honig ganz langsam im Verlauf längerer Zeit immer höher geschraubt, bis sie endlich so hoch war, daß sie von den Tieren, die sie vorher fleißig besuchten, schließlich nicht mehr bestiegen werden konnte; sie richteten sich dann auf den Hinterbeinen auf und versuchten auf alle möglichen Weisen emporzugelangen. Niemals aber „kamen sie auf den Gedanken", den Boden etwas zu erhöhen,

117

obwohl sie sonst doch bei ihren Nestbauten mit größter Schnelligkeit Erdbauten zu errichten vermögen.

Ähnlich verliefen andere Versuche, wie beispielsweise der, welcher in Abb. 73 dargestellt ist. An einem erst aufsteigenden und dann wieder hinunterführenden Stock oder Draht war eine Plattform mit Larven befestigt, die nur wenige Millimeter über dem Erdboden schwebte, derart, daß die Ameisen (Lasius niger) die Larven gerade mit den Fühlern betasten können, wenn sie sich auf die Hinterbeine stellen, ohne jedoch unmittelbar hinaufzugelangen. Ebenso vermochten Tiere, die sich auf der Plattform befanden, den Boden zu sehen oder sogar mit den Fühlern zu wittern, wenn sie sich hinunterhängten. Der Erfolg dieser Versuche war stets folgender: Die Ameisen machten verzweifelte Anstrengungen, um zu den Larven zu gelangen, doch fiel es keiner einzigen ein, einige Erdkrümchen unter dem Rande der Plattform anzuhäufen, um sie auf diesem Wege zu ersteigen, eine Arbeit, zu der sie als geschickte Maurer mit Leichtigkeit imstande gewesen wären.

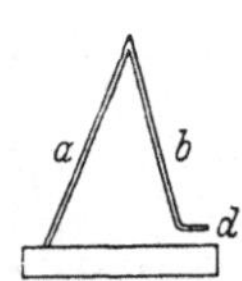

Abb. 73. Versuche zur Prüfung des „Verstandes" bei der Gartenameise Lasius niger. (Nach *Brun*.) Siehe Text.

Der bekannte Ameisenforscher *Lubbock*, dem wir diese Versuchsanordnung verdanken, *dressierte* nun einige Ameisen, nachdem er sie zu den Larven auf *d* gesetzt hatte, den Weg über *b—a* zum Nest zurück zu nehmen. Sie lernten den Weg allmählich kennen, brachten Genossen mit, und es kam so mit der Zeit ein lebhafter Larventransport in Gang. Die Ameisen machten wohl immer wieder (besonders anfänglich) verzweifelte Anstrengungen, von der Plattform mit ihrer Larve direkt auf den Boden zu gelangen, doch kam es keiner einzigen in den Sinn, die Larve einfach hinunterzuwerfen und sich so die zahllosen mühsamen Gänge über den weiten Umweg zu ersparen, obwohl jede in ihrem Leben dutzendmal die Erfahrung gemacht haben mußte, daß ein Sturz aus geringer Höhe ihren Pfleglingen in keiner Weise schaden kann.

Alle solche Versuche haben stets den gleichen Erfolg gezeitigt; immer wieder ging aus solchen „Intelligenzprüfungen" hervor, daß bei den Ameisen eine wirkliche Vernunft im Sinne eines kausalen Denkvermögens fehlt.

Daher kommt es dann auch, daß wir im staatlichen Leben der Ameisen oftmals solche Sinnlosigkeiten beobachten, wie das schon erwähnte Gegeneinanderarbeiten mehrerer Arbeitsscharen, für das auch die Abb. 72 einen schönen Beweis liefert, oder die ebenfalls schon besprochene Zucht von Volksschädlingen, deren Larven die Ameisenbrut fressen. Wollten wir den Ameisen wirklich einen hohen Grad von Intelligenz zusprechen, dann würde, wie der bekannte Ameisenforscher *Escherich* sehr schön sagt, die Ameisenbiologie zu einem Kapitel unlösbarer Widersprüche, und wir müßten uns weit mehr über das wundern, was die Ameisen *nicht* vermögen, als über das, *was* sie vermögen.

Fassen wir das Dargelegte noch einmal kurz zusammen. Die Ameisen sind sicher keine „Reflexmaschinen", wie man einmal annahm, die blind auf alle äußeren Reize antworten und sich etwa so verhalten wie Eisenspäne, welche von Magneten angezogen oder abgestoßen werden. Dagegen sprechen gerade die Leistungen der Einzelameise, die nicht nur ein hohes Maß von Gedächtnisleistung und Erfahrungsverknüpfung aufweist, sondern auch stets deutliche individuelle Anpassung zeigt. Sie sind aber auch keine Lebewesen mit menschlichem Schlußvermögen; sonst wären manche Sinnlosigkeiten nicht erklärbar, die wir oft gerade bei ihrem staatlichen Leben finden. Zu einer Einsicht in Ursache und Wirkung reicht das Ameisenhirn jedenfalls nicht aus.

Ist es denn wirklich nur das Hirn, das bei den Ameisen als der Sitz der seelischen Tätigkeit angesprochen werden muß? Das Hirn, das bei den kleinen Formen nur einen ganz geringen Bruchteil eines Millimeters ausmacht?

Darüber besteht jetzt kein Zweifel mehr. Eine Verletzung der sogenannten pilzförmigen Körper (vgl. Abb. 3 und 74) führt zu ganz ähnlichen Erscheinungen wie bei Menschen, deren Großhirn geschädigt ist. Eine Ameise, deren Hirn vom Biß einer anderen verletzt ist, bleibt zunächst wie angenagelt auf dem Platze stehen; sodann durchläuft hier und da ein Zittern den ganzen Körper, und von Zeit zu Zeit zuckt eines der Beine in die Höhe. Wenn man sie reizt, macht sie wohl noch Abwehrbewegungen; sobald jedoch der Reiz aufhört, fällt sie wieder in ihre frühere Betäubung. Einer auf einen bestimmten Zweck gerichteten Handlung ist sie vollkommen unfähig; sie sucht nicht mehr zu fliehen, nicht mehr anzugreifen, nicht mehr in ihr Nest zurückzukehren oder sich mit ihren Genossen zu vereinigen. Sie zieht sich auch nicht mehr vor Sonne, vor Wasser oder vor Kälte zurück, kurzum, sie hat die einfachsten Instinkte der Selbsterhaltung vollkommen verloren. Eine so verwundete Ameise ist wirklich nur noch eine „Reflexmaschine“ und gleicht nach den Ausführungen des berühmten Hirn- und Ameisenforschers *Forel* völlig einem Wirbeltier, dem das Großhirn verletzt oder herausgenommen ist.

Aber nicht nur Verletzungen führen zur Minderung geistiger

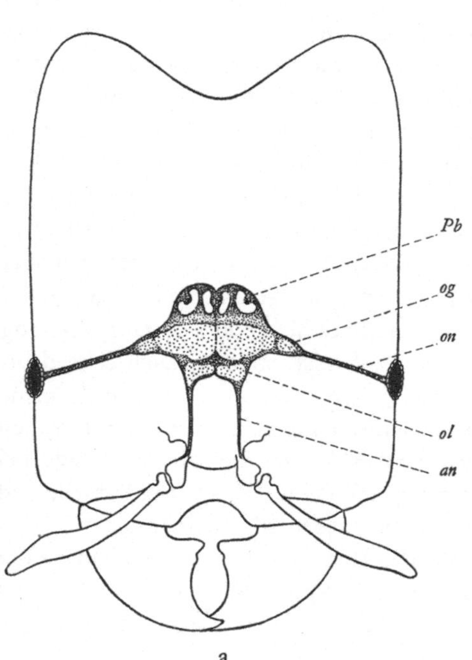
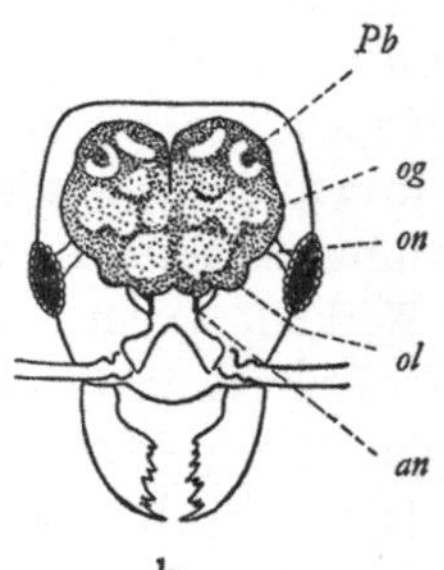

Abb. 74a u. b. Gehirn von Arbeitern (b) und Soldaten (a) (bei Pheidole instabilis). Trotz des riesigen Kopfes hat der Soldat kein größeres Hirn als der Arbeiter. (Nach *Wheeler*.) *pb* = pilzförmige Körper, die dem Großhirn der Wirbeltiere entsprechen; *og* = Sehzentrum; *on* = Sehnerv; *ol* = Riechzentrum; *an* = Fühlernerv.

Fähigkeiten. Es gibt manchmal „irrsinnige“ Ameisen, solche also, die bei genauer Beobachtung dem Forscher, der sich in das geistige Leben seiner Pfleglinge eingelebt hat, als Besonderheit im Ameisenstaat auffallen. Sie benehmen sich nicht wie die anderen, fallen beispielsweise immer wieder über die Genossen her und beißen sie, so daß sie entfernt werden müssen. Man hat sich nun einmal die Mühe gemacht, solchen anscheinend Geisteskranken in genauere Beobachtung zu nehmen, über seine Führung eine Krankengeschichte aufzunehmen und dann nach dem Tode die Leiche zu sezieren. Wirklich hat sich dabei herausgestellt, daß das Großhirn krank war: es zeigte eine Wucherung, eine Geschwulst, die hier, genau wie bei einem Menschen, geistige Störungen hervorrief! Ein deutliches Zeichen dafür, daß wirklich in dem als Großhirn angesehenen pilzförmigen Körperchen der Ameise die Geistestätigkeit sitzt.

Lehrreich ist in dieser Hinsicht auch folgendes: Bei der männlichen Ameise ist der Großhirnteil meist ganz verkümmert, bei den Weibchen dagegen gut ausgebildet; die mächtigste Entfaltung erreicht das Großhirn aber bei den Arbeiterinnen (Abb. 3). Diesem gestaltlichen Bau entsprechen auch die Leistungen: die Männchen sind wirklich als dumm zu bezeichnen, die Weibchen sind ihnen weit überlegen, und die höchsten geistigen Fähigkeiten besitzen die Arbeiter, bei denen ja auch das ganze Wohl des Staates liegt.

Man könnte vielleicht meinen, daß die Soldaten mit ihren großen Köpfen größere Gehirne besitzen. Das ist indessen *nicht* der Fall; ein Vergleich der Abb. 74a und b zeigt, daß weder Unterschiede in der Größe noch im Bau bestehen. Der mächtige Schädel beherbergt nur große Muskelmassen zur Bewegung der starken Mundwaffen, aber kein großes Gehirn; und damit stimmt ja auch überein, daß die Soldaten den Arbeiterinnen bei Ausführung der staatlichen Tätigkeiten nicht überlegen sind.

Die Entstehung der Soldaten

Damit sind wir wieder bei Dingen angelangt, die uns schon einmal beschäftigten: bei der Frage nach den verschiedenen Kasten und Ständen des Ameisenstaates. Wenn wir sie hier noch einmal aufgreifen, so geschieht dies aber unter neuen Gesichtspunkten. Wir wollen jetzt nicht nur feststellen, *was* im Ameisenstaat wimmelt, sondern *warum* in dem Gewimmel so verschieden Gestaltetes vereinigt ist.

Da dies eine Frage ist, welche auch allgemeinbiologische Probleme berührt, wollen wir ihr etwas nähertreten, als wir es bisher taten, und dabei auch gleich einen Blick in die Werkstatt des Ameisenforschers werfen.

Bei einer Frage nach dem „Warum" kann sich ein Biologe nicht nur auf die Beobachtung verlassen; er muß Versuche anstellen, um damit eine vielleicht schon aus anderen Gründen vermutete Meinung zu beweisen.

So hatte man sich schon lange Gedanken darüber gemacht, worauf die Entstehung der verschiedenen Weibchenformen eigentlich zurückzuführen ist. Die einen Forscher nahmen an, daß die Bedingungen zu bestimmter Größe oder Gestalt schon im Keim oder Ei zu suchen sind — man spricht in solchen Fällen von einer keimgebundenen (oder sog. blastogenen) Entstehung. Die anderen sahen den Grund vielmehr in besonders reicher oder besonders gearteter Nahrung — und nahmen damit eine nahrungsbedingte (oder trophogene) Ausbildung an.

Jetzt ist es gelungen, wenigstens bei der Soldatenentstehung etwas den Schleier zu lüften. Es glückte bei der ja schon oft erwähnten italienischen Ameise Pheidole pallidula (Abb. 7) nicht nur, Soldaten bewußt zu erzielen, sondern sogar die in der Natur nicht vorkommenden Zwischenformen zwischen Arbeitern und Soldaten gleichsam zu „konstruieren".

Dabei zeigte sich, daß jeder der oben angenommenen Vermutungen etwas Richtiges innewohnte.

Zunächst wurde klar, daß nicht *jedes* Ei befähigt ist, einen Soldaten aus sich hervorgehen zu lassen. Wenn eine junge, gerade von einem Männchen befruchtete Königin zur Nestgründung schreitet, so legt sie, wie wir sahen, eine Anzahl von Eiern, aus denen nur winzige Ameisen hervorgehen. Solche erste Staatengründungen sind von mir und meinen Mitarbeitern in einfachen Tuben (Abb. 65) in vielen Hunderten von Fällen durchgeführt worden. Diese aus den Ersteiern hervorgehenden Kleinarbeiter stellen nur eine erste Hilfe dar; sie sind nicht nur klein, sondern auch kurzlebig, und sterben bei manchen Formen schon nach einigen Wochen. Aus den Ersteiern einer jungen Königin können auch durch gute Ernährung keine Normalarbeiter und auch keine Normalsoldaten werden; nimmt man beispielsweise einem Staate, der schon Normalarbeiter und Normalsoldaten aufgezogen hat, die Eier weg und ersetzt sie durch Ersteier einer jungen Königin, dann werden daraus ebenfalls nur Kleinarbeiter. Ihre Bildungsweise ist also in weitem Maße im Keim vorbestimmt.

Die späteren Eier einer Königin, welche nach Auftreten der ersten Kleinarbeiter in ihrer alleinigen Pflege entlastet ist und nun auch besser ernährt wird, können dann sowohl Normalarbeiter wie auch Soldaten werden; und hierbei zeigte es sich nun, daß dafür die *Ernährung* verantwortlich zu machen war.

Zunächst fiel auf, daß die Staaten mit stärkerer Ernährung *mehr* Soldaten lieferten. Diese Beobachtung wurde dann Anlaß zu einer Reihe von Fütterungsversuchen, auf welche im einzelnen nicht eingegangen werden kann. Meist wurden Kulturen in zwei Gruppen geteilt, so daß sich immer annähernd je zwei an Volkszahl und Brutmenge entsprachen. Dann erhielt die eine Gruppe 10 Tage lang ausschließlich Zuckerwasser oder Honig, die anderen Stücke von Insekten („Insektenfleisch"); nach 10 Tagen wechselte ich die Fütterung aus Sorge vor Verlusten durch allzu einseitige Nahrung. Da bei den verwendeten Pheidole-Ameisen vorher schon festgestellt war, daß bei 25 bis 27° etwa je 10 Tage für Ei-, Larven- und Puppenstadium nötig waren, ließ sich beim Auftreten von Soldaten dann errechnen, welche Entwicklungsphase mit einer Fleisch- oder einer Zuckerfütterung zusammentraf.

Die in solcher Weise durchgeführten Versuche zeigten, daß Soldaten immer nur dann auftraten, wenn ihre *Larvenzeit* mit *Fleischfütterung* zusammenfiel. Dies Ergebnis konnte später in Versuchen, die monatelang durchgeführt wurden, bestätigt werden: Stets wurden nur da Soldaten aufgezogen, wo Fleisch zur Verfügung stand.

Besonders eindrucksvoll waren die Ergebnisse nach einem Futterwechsel, d. h. dann, wenn Kulturen, die bis dahin Fleisch erhielten und Soldaten lieferten, Zucker bekamen, und umgekehrt. Schon nach kurzer Zeit ergab es sich dann, daß in Nestern, die nunmehr Insektenfleisch erhielten, Riesenlarven heranwuchsen, die dann Soldatenpuppen und schließlich Soldaten aus sich hervorgehen ließen.

Ein weiteres Ergebnis war, daß diese Resultate nur in Kolonien zu erzielen waren, die junge, nicht über 5 Tage alte Larven enthielten; die älteren Larven wurden auch bei Fleischfütterung nur Arbeiter.

Das Endergebnis der Fütterungsversuche stellte sich dann folgendermaßen dar: Erhielten die Larven während einer bestimmten

sogenannten sensiblen oder kritischen Periode (II. Larven-
stadium) reichlich Insektenfleisch, so wuchsen sie plötzlich
heran und entwickelten sich dann zu Soldaten; erhielten sie kein
Insektenfleisch in dieser Zeit, wurden sie Arbeiter. Später ließ
sich dann noch feststellen, daß in dem Insektenfleisch, insbesondere den zur Fütterung verwandten toten Termiten, ein besonderer Wuchsstoff vorhanden ist, und *er* es war, der die plötz-
liche Größenzunahme der Larven bedingte. Dieser Stoff wurde
deshalb zunächst als „Termitin" bezeichnet. Als man ihn dann

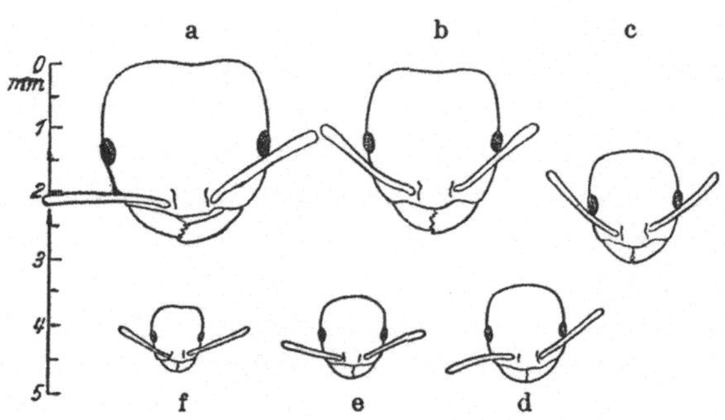

Abb. 75 a—d. Köpfe verschiedener im Kunstnest gezüchteter, absichtlich
hergestellter („konstruierter") Formen von Pheidole pallidula. a) Normalsoldat, b) Kleinsoldat, c) Zwischenform, d) Großarbeiter, e) Normalarbeiter, f) Kleinarbeiter. Die Formen b und c kommen in der Natur
nicht vor. Alle Tiere sind Nachkommen derselben Königin (Familie
„Windsor". Vgl. Abb. 83).

auch in niederen Pilzen, wie z. B. dem Ameisen-Pilz Hypomyces
der Blattschneider sowie in Würmern (Tubifex) und Hefen (Torula)
festgestellt hatte, erhielt er die Bezeichnung „T-Komplex" oder
„T-Faktor", nachdem sich erwiesen hatte, daß er auch in anderen
Organismen, bis hinauf zum Menschen, von Wichtigkeit ist durch
seine Fähigkeit, schlummernde Reserven zu erwecken. Diese Fähigkeit zeigte der „T-Faktor" besonders eindrucksvoll bei der
Entstehung der Soldaten, da er eben hier die *Möglichkeit* dazu, die
in den Larven vorhanden ist, tatsächlich *verwirklichte*.

Auch *nach* der Festlegung der Kaste zu Beginn der Larvenentwicklung kann durch verschiedene Fütterung die Größe der
Ameisen noch beeinflußt werden; es ist so möglich, Großarbeiter

124

und Kleinsoldaten zu erzielen, neben den stets in Überzahl vorhandenen Normalformen (Abb. 75).

Endlich glückte es auch noch, einige Male wirkliche Übergangsformen zwischen Arbeitern und Soldaten zu bekommen. Es gelang dies dadurch, daß ich in Kolonien während der Zuckerfütterung einmal einige Fleischstückchen gab und die fressende Larve verschiedentlich störte. Dadurch erhielt ich Tiere, welche die Mitte hielten. So war die Ameise, deren Kopf in Abb. 75 c wiedergegeben ist, 3,5 mm lang und stand damit genau in der Mitte zwi-

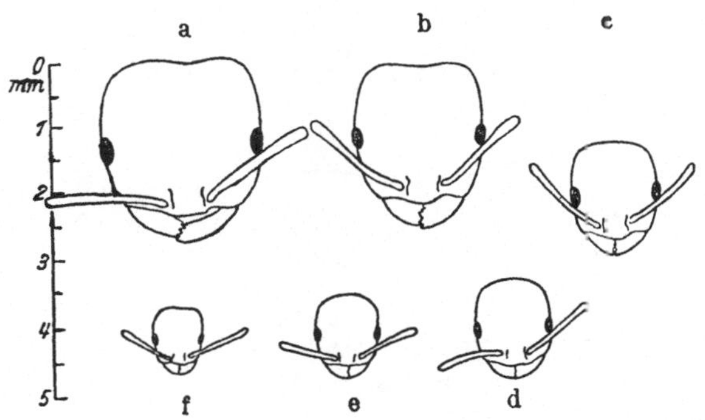

Abb. 76. Köpfe der körnersammelnden Ameise Messor structor, mit natürlich vorkommenden Zwischenformen (c), zwischen Normalsoldaten (a), Kleinsoldaten (b), Großarbeitern (d), Normalarbeitern (e) und Kleinarbeitern (f).

schen den Normalarbeitern von 2,5 mm und Normalsoldaten von 3,75 mm; und ihr Kopf kann sowohl als Ende einer Arbeiterserie wie als Anfang einer Soldatenreihe betrachtet werden (Abb. 75 c).

Daß es solche Übergangsformen zwischen Arbeitern und Soldaten bei einigen Ameisen auch in natürlichen Nestern gibt, haben wir ja gesehen; wir brauchen nur an die Körnersammler der Abb. 9 und die Pilzzüchter der Abb. 36 zu erinnern. Auch manche den Pheidole nahestehenden Formen zeigen solche Übergänge, Formen, die aber gerade deswegen zu anderen systematischen Gruppen gerechnet werden. Es ergibt sich daher die Frage, warum dies dort möglich ist. Die Untersuchungen an geeigneten Formen haben nun ergeben, daß in solchen Fällen die Entwicklungszeit viel länger dauert als bei der italienischen Hausameise

Pheidole pallidula. Bei den körnersammelnden Messor ist sie z. B. doppelt so lang. Infolgedessen wird bei diesen Formen die Möglichkeit der Störung und des Futterwechsels viel größer; die Larven können nicht so schnell heranwachsen und meist auch nicht ungestört fressen, und daher entstehen hier so oft Zwischenformen.

Auch bei der Diebsameise Solenopsis fugax (vgl. Abb. 77) ließen sich ähnliche Ergebnisse erzielen, auf die wir dann noch zurückzukommen haben.

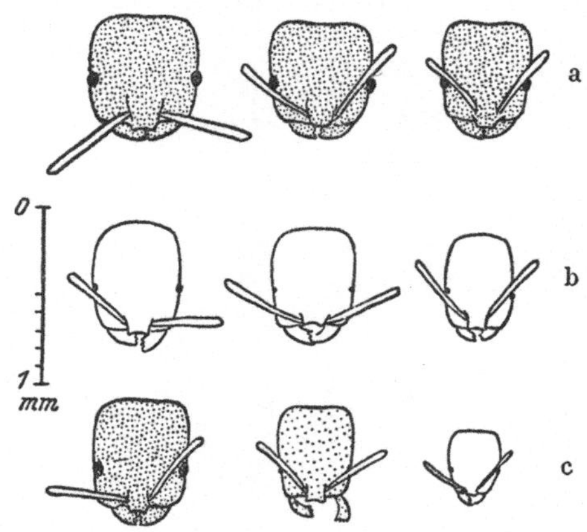

Abb. 77 a—c. Köpfe der Diebsameise Solenopsis fugax aus verschiedenen Nestern. a) Obere Reihe: größtes, mittleres und kleinstes Tier von einem Nest aus Spanien, das nur Giganten mit großen Augen (sowie Dornen am Ende des Brustabschnittes) enthielt; b) mittlere Reihe: größtes, mittleres und kleinstes Tier von einem Nest aus Florenz. Tiere alle klein, ganz hell, mit verkümmerten Augen (ohne Dornen am Ende des Brustabschnittes); c) untere Reihe: großes, mittleres und kleines Tier von einem Kunstnest aus Breslau. Das große Tier entspricht vollkommen den Insassen des Nestes a, das kleine denen von b.

Ähnlich wie bei den Körnersammlern scheint es sich auch bei den pilzzüchtenden Atta-Arten Südamerikas zu verhalten; dort fehlen übrigens zwischen der Gruppe der großen und der kleinen Formen manchmal *wirkliche* Übergangsformen, so daß zwar alle möglichen Soldaten und vielerlei Arbeiter vorhanden sind, aber nur selten solche Zwischenformen, bei denen man schwankt, ob man sie der einen oder anderen Gruppe zuteilen soll.

Zwischen den großen Soldaten und den echten Weibchen gibt es allem Anschein nach mancherlei Gemeinsames; die Hirnverhältnisse der ganz großen Formen oder Giganten, wie sie ja auch genannt werden, nähern sich denen der Königin, und ähnlich steht es mit den Keimdrüsen und den Lichtsinnesorganen (vgl. Abb. 36). Bei manchen Ameisenarten, die nur große Arbeiter besitzen, wie die ganz ursprünglichen Ponera-Arten, sind alle möglichen Übergänge zu echten Weibchen bereits gefunden worden. Auch bei den bei uns besonders an Eichen und anderen mit starker Borke versehenen Bäumen in kleinen Nestern vorkommenden Leptothorax-Ameisen gibt es oft Übergangsformen von Arbeitern und Weibchen, wie z. B. die Abb. 78 zeigt, und an diesen Arten ergaben jetzt auch schon einige Versuche Hinweise darauf, wie man sich die Bestimmung zu echten Weibchen vorzustellen hat. Es müssen augenscheinlich alle günstigen Umstände zusammentreffen: nur Eier von Weibchen auf der Höhe der Entwicklung, denen zu gerade richtiger Jahreszeit unter besten Umweltsbedingungen vielerlei Futtermittel samt Vitaminen und wachstumsfördernden Stoffen zur Verfügung stehen, scheinen wirkliche langlebige Königinnen zu liefern, die in jeder Weise den unter schlechtesten Umständen entstehenden kurzlebigen kleinen Erstarbeitern gegenüberzusetzen sind.

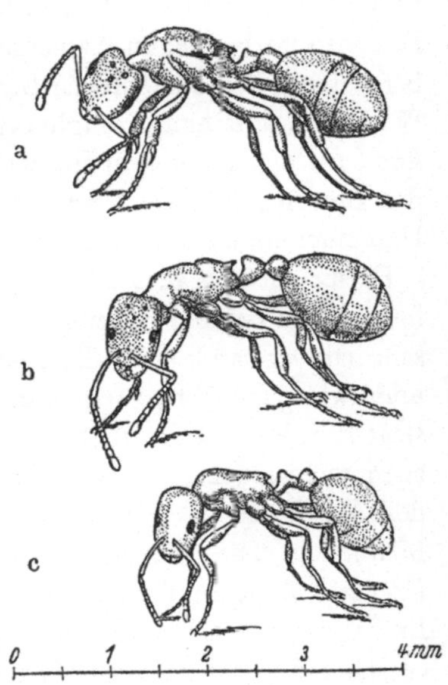

Abb. 78 a—c. Übergangsform (b) von Weibchen (a) mit 3 großen Stirnaugen und hochgewölbtem Brustabschnitt zu Arbeitern (c) ohne Stirnaugen und flachem Brustabschnitt, bei Leptothorax.

Bestimmung des Geschlechts

Wie entstehen nun aber die Männchen? Auch darüber gelangt man jetzt zu einer einheitlichen Meinung, wenn auch z. T. nur dadurch, daß man die Verhältnisse des genauer untersuchten Bienenstaates mit heranzieht. Auch bei den Bienen gibt es eine

Königin, die nur einmal in ihrer Jugend von einem Männchen befruchtet wird: im „Hochzeitsflug", welcher dem der Ameisen ähnlich ist. Wie die Ameisenkönigin trägt sie seit dieser Zeit jahrelang in einem besonders dazu eingerichteten Bläschen des Hinterleibs den Samen des „Prinzgemahls", welcher schon lange nicht mehr unter den Lebenden weilt. Durch besondere Einrichtungen kann nun die Bienenkönigin den Eiern, welche an dem Bläschen vorbeigleiten, Samenfäden mitgeben; dann wird das Ei befruchtet, und aus solchen befruchteten Eiern wird immer ein Weibchen, d. h. eine Königin oder eine Arbeiterin. Tritt dagegen *kein* Samenfaden zu dem Ei, dann gibt es stets Männchen, die bei den Bienen „Drohnen" genannt werden. Durch mikroskopische Untersuchungen sind diese Vorgänge genau verfolgt worden.

Es spricht nun alles dafür, daß eine solche Geschlechtsbestimmung auch bei den Ameisen zu finden ist, die ja mit den Bienen sehr nah verwandt sind. Es kommt beispielsweise manchmal vor, und zwar gar nicht so selten, daß die Arbeiterinnen im Ameisenstaat Eier legen, oder auch die Soldaten, die ja den echten Weibchen, wie wir sahen, oft besonders nahe stehen. Aus solchen Eiern der Arbeiterinnen oder Soldaten kommen im allgemeinen nur Männchen. Die Arbeiter und die Soldaten können sich nicht zu Hochzeitsflügen in die Lüfte erheben und bleiben so unbefruchtet. In einigen Fällen sind aber doch auch aus Arbeitereiern Weibchen entstanden. Dies ist so zu erklären, daß oft Männchen im Taumel des Hochzeitsrausches sich schon auf der Erde oder im Nest den Weibchen nähern und dabei dann gleichsam „aus Versehen" auch eine Arbeiterin befruchten. Ich habe selbst einmal einen derartigen Fall beobachtet. Vermutlich sind es solche Arbeiterinnen, die dann, als Ausnahme, befruchtete Eier legen und damit auch Weibchen liefern können. Zieht man aber Arbeiter in künstlichen Nestern aus Larven und Puppen auf, ohne sie jemals mit Männchen zusammenzubringen, dann kann man aus diesen eindeutig unbefruchteten Eiern stets nur Männchen erhalten.

Schwieriger war es, den gleichen Versuch mit eindeutig unbefruchteten Königinnen durchzuführen. In den künstlichen Nestern, von denen die Abb. 66 eine gebräuchliche Form zeigt, kann man wohl Arbeiterinnen ohne Königin längere Zeit halten. Unbefruchtete echte Weibchen siechen jedoch meist nach kurzer

Zeit dahin; sie vertragen es nicht so leicht, „Alte Jungfern" zu werden, wie die Arbeiterinnen, die ja nun einmal vom Schicksal zu diesem Stand bestimmt sind. Und wenn sie wirklich Eier legen, vermögen sie dieselben nicht aufzuziehen. Schließlich ist es bei einer dafür geeigneten Leptothorax doch geglückt: die so fern von allen Männchen aufgezogenen Weibchen legten Eier und zogen sie auf; es wurden auch hier nur Männchen aus den unbefruchteten Eiern, und damit haben wir ein weiteres Glied zu dem „Indizienbeweis", daß die Männchen auch bei den Ameisen aus nicht befruchteten Eiern stammen.

Um etwaigen Mißverständnissen vorzubeugen, sei hier ausdrücklich betont, daß diese Art der Geschlechtsbestimmung keineswegs allgemein üblich ist; wir haben es vielmehr mit einer Ausnahme zu tun, die allem Anschein nach nur auf Bienen, Ameisen und vielleicht einige andere staatenbildende Insekten beschränkt ist.

Erscheinungsbild und Rassenerbe

Wir haben gesehen, daß die Ausbildung von Soldaten und Arbeitern durch die Umwelt bedingt ist; von Menge und Art des Futters zu einer bestimmten Zeit der Entwicklung ist es abhängig, welche der beiden Formen entsteht. Weiterhin war die Entwicklungs-Zeit von Wichtigkeit; war sie groß, so konnte leichter eine Störung und ein Futterwechsel eintreten, und dann gab es alle möglichen Zwischenformen.

Nun ist diese Entwicklungsgeschwindigkeit für die einzelnen Ameisen verschieden. Sie ist sehr gering bei der Pheidole, wie wir sahen, so daß dort schon in knapp einem Monat die ganze Entwicklung vom Ei bis zur fertigen Ameise durchlaufen wird. Bei anderen Ameisen dauert die Entwicklung dagegen viel länger. Unsere schwarze Roßameise zeigte beispielsweise folgende Entwicklungszeiten: von Ei bis Larve 16 bis 27 Tage, von Larve bis Puppe 8 bis 15 Tage und von Puppe bis Arbeiter 14 bis 92 Tage. Bei den bisher in ganz großen Entwicklungsserien untersuchten gewöhnlichen kleinen Gartenameisen (Lasius) brauchen die Eier 13 bis 30 Tage, die Larven 9 bis 24 Tage und die Puppen 16 bis 36 Tage; bei den gelben, unterirdisch lebenden Lasius flavus sind

die entsprechenden Zeiten 22 bis 52, 7 bis 31 und 16 bis 49 Tage,
bei der argentinischen Ameise Iridomyrmex humilis 11 bis 20,
8 bis 29 und 8 bis 35 Tage.

Auffallen müssen bei diesen Daten die großen Spannungen,
die wir bei den einzelnen Entwicklungsphasen angaben; diese
sind indessen auch nicht ganz natürlich. Die Kulturen wurden
vielmehr unter verschiedenen Wärmeverhältnissen gehalten, so
daß nur die zweiten Zahlen denen entsprechen, die in unseren

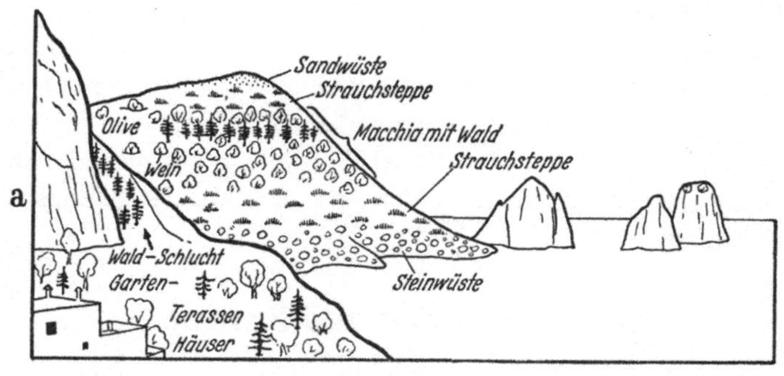

Abb. 79a.

Breiten in Betracht kommen. Die ersten Ziffern aber geben die
Entwicklungszeiten von Wärmezuchten in einer Dauertemperatur
von 26 bis 30 Grad an.

Haben diese Experimente mit unserer Frage nach der Entstehung von Arbeitern und Soldaten etwas zu tun? Nein, unmittelbar nicht! Sie weisen aber auf folgendes hin, das über diese Frage
hinaus zu allgemeineren Betrachtungen führt. Wir haben bereits
erwähnt, daß man in dem Vorkommen von Soldaten ein Artmerk-
mal für Pheidole, in der Vielgestaltigkeit der Übergangsformen
zwischen größten und kleinsten Arbeitern dagegen ein Kennzeichen für Messor-Ameisen sieht. Wir haben aber weiterhin
gesehen, daß bei Pheidole nur die größere Geschwindigkeit der
Larvenentwicklung das Auftreten der Zwischenformen verhindert.
Danach wäre also das unterscheidende Merkmal die *Entwicklungsnorm*. Wenn wir nun feststellen, daß die Entwicklungsgeschwindigkeit künstlich beeinflußbar ist, dann können wir aber auch
diese Entwicklungsnorm nicht mehr als völlig feststehendes Art-

merkmal betrachten, sondern nur als ein Merkmal, das innerhalb gewisser Grenzen Umweltsbedingungen gehorcht.

Nun haben wir auf der Erde bei den verschiedensten Außenbedingungen auch die verschiedensten Rassen aller möglichen Ameisen. Jedes bestimmte Gebiet, wie Wald, Wüste, Steppe u. dgl., beherbergt auch ganz bestimmte Ameisen-Formen (vgl. Abb. 79 u. 80), die, wie wir früher sahen, auch in ihrer Behausung und Nahrung oft stark voneinander abweichen. Sie sind solchen

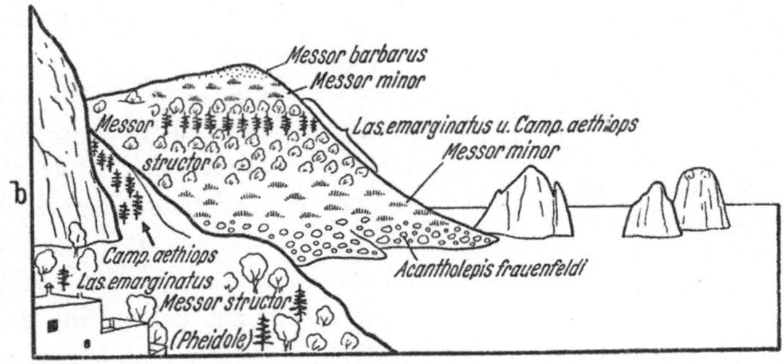

Abb. 79 b.

Abb. 79 a u. b. a Punta Tragara auf Capri, mit verschiedenen Natur- und Kulturzonen. b In jeder Zone herrscht eine bestimmte Ameisenart oder -rasse vor (Macchia = mittelmeerischer Buschwald).

gleicher Gebiete, aber anderer Klimata zwar ähnlich, aber doch so weit voneinander abweichend, daß man sie oft als verschiedene Rassen (geographische und ökologische Rassen) bezeichnet. Wenn wir nun irgendwo an verschiedenen Stellen der Erde Formen fänden, die weit voneinander abweichen, wie die Arbeiter und Soldaten von Pheidole, so würden wir sie sicher als etwas voneinander Verschiedenes auffassen, als verschiedene Arten, ja sogar vielleicht als verschiedene Gattungen! Nur weil wir wissen, daß bei Pheidole Arbeiter und Soldaten von ein und demselben Elternpaar abstammen, halten wir sie für so nah verwandt, wie es überhaupt möglich ist.

Wir können uns aber auch gut vorstellen, daß bei geeigneten Ameisenformen zwei Geschwisterweibchen in ganz extreme Örtlichkeiten verschlagen werden: das eine in eine warme, in der

gerade zur kritischen Periode das notwendige Futter überreich da
ist, das Futter, das in dieser kritischen Periode die Soldatenbildung
verursacht; und ein anderes in eine kühle karge Gegend, wo niemals diese ausschlaggebenden Momente sich verwirklichen. Ein
Sammler, der nun ein trockener Systematiker wäre, würde dann bestimmt verschiedene Arten daraus machen, zumal da von jeder „Sorte"
ja so unendlich viel da sind infolge der großen Zahl der Insassen eines
einzigen Nestes.

Es scheint dies vielleicht Phantasie zu sein, ist es aber keineswegs.
Besonders erwies sich Chile für solche Beobachtungen geeignet
(Abb. 80). Es reicht in langem schmalen Streifen von den heißen
Tropen bis zur kalten Antarktis und hat damit in den einzelnen
Regionen ganz verschiedenes Klima. Außerdem steigt es vom Meer
unmittelbar bis zur Höhe von 6000 bis 7000 Meter hoch, so daß auch
dadurch in den einzelnen Höhenlagen verschiedene Umweltsbedingungen herrschen. So kann es hier wirklich sehr leicht vorkommen,
daß Ameisenweibchen nach dem Hochzeitsflug in ganz verschiedenes Gelände verschlagen werden, aus der wärmeren Ebene des Tief-
lands an die Ränder der Eisvulkane, und von der heißen trockenen
Wüste in den feuchten kühlen Urwald und umgekehrt. Ich
habe dies oft und oft beobachtet.

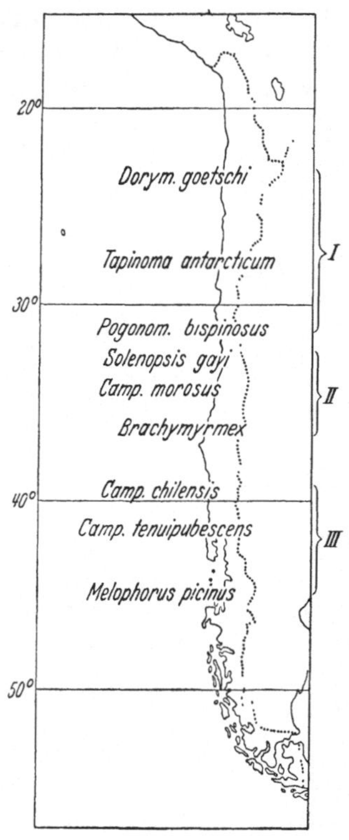

Abb. 80. Karte von Chile mit
den Verbreitungsmittelpunk-
ten chilenischer Ameisen der
Wüste (I), der Steppe (II) und
des Waldes (III).

Dem Klima und der Nahrung entsprechend stellten sich dann
auch die Staaten mancher dieser Ameisen ganz verschieden dar.
Die körnersammelnden Pogonomyrmex-Arten, die an anderen

Orten oft vielgestaltig sind, wie P. barbatus mit Arbeitern von
5 bis 9 Millimeter Länge, traten in Wüstengegenden Chiles als
Staaten auf, die nur Soldaten oder Giganten (P. bispinosus) hatten,
im Urwald dagegen ohne ausgesprochene Soldatenkaste waren
(P. laevigatus). Meine damaligen Aufzeichnungen ergaben nun
eindeutig, daß P. bispinosus im natürlichen und künstlichen Nest
die Jungen stets mit fester Nahrung, Ameisenbrot oder Insekten-
stückchen, versorgte, während dies P. laevigatus nicht tat. Auch
die Steppenameise Solenopsis gayi, die in Nord- und Mittelchile
neben flüssiger Nahrung Samen
verfütterte, verzichtete im südlichen kühlen Urwald auf Körnerfutter. Dementsprechend waren
auch die Staaten: stark vielgestaltig mit oft riesigen Giganten im
Norden, mehr einheitlich, ohne
Riesen im Süden. Untersuchungen
an der nah verwandten europäischen Diebsameise Solenopsis
fugax konnten diese Erfahrungen
ergänzen und außerdem experi-
mentell feststellen, daß die Solenopsis-Arten auf die verschiedensten Außenbedingungen sehr stark
reagieren. Meist kommen in den
riesigen Nestern ganz verschieden
große und gefärbte Tiere vor;
helle, kleine, mit winzigen Lichtsinnesorganen bis zu dunklen
großen, mit gut entwickelten Augen (Abb. 77c). Manche Staaten
sind aber sehr einheitlich, wie ein
Vergleich von Abb. 77a und b

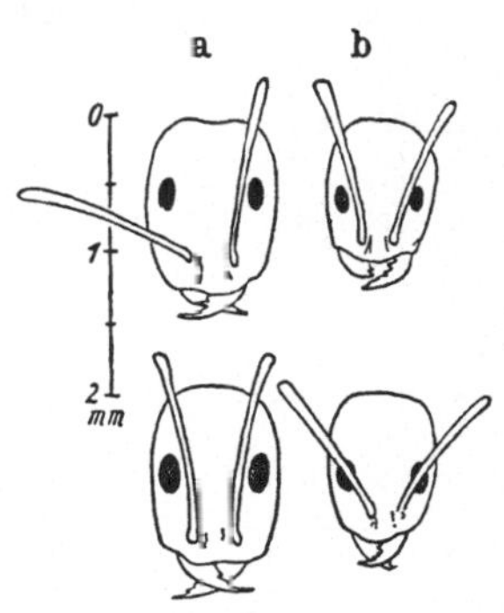

Abb. 81 a u. b. Köpfe der chilenischen Wüstenameise Dorymyrmex goetschi Menozzi;
Arbeiter von Nestern aus verschiedenen Gegenden: a) Copiapó Br. 30°, Nordchile; Arbeiter groß. b) Pta. Colorado
Br. 29°, etwas weiter südlich;
Arbeiter klein. Die Arbeiter
ein und desselben Nestes sind
beinahe völlig gleich. („Mono-
morphismus" des Arbeiter-
standes im Gegensatz zu „Di-
morphismus" Abb. 7, 8 und 74
und „Polymorphismus" Ab-
bildung 10, 17, 36 und 76.)

zeigt. Das Nest von Abb. 77a bestand nur aus Giganten mit
quadratischen Schädelkapseln; die Tiere waren außerdem durch
starke Dornen am Ende des Brustabschnittes, durch große
Augen sowie dunkle Färbung ausgezeichnet, wie dies auch bei
Giganten anderer Ameisen zutrifft. Das Nest von Abb. 77b

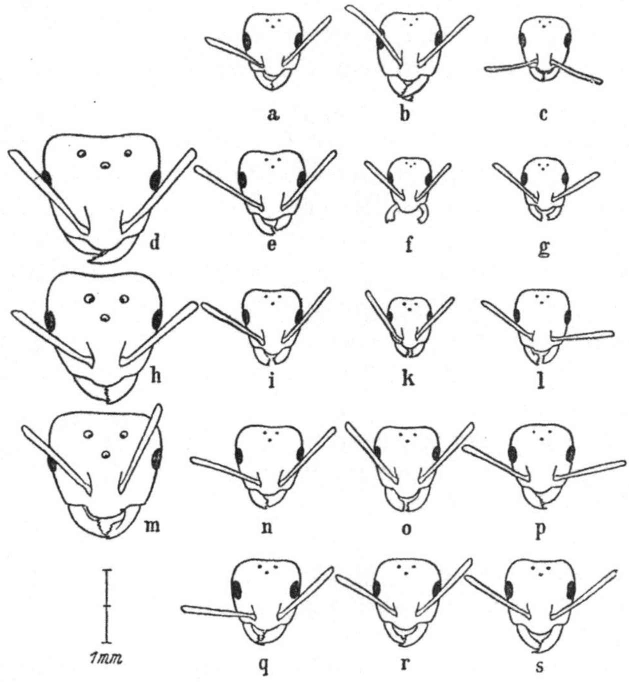

Abb. 82a—s. Wirkung von äußeren Einflüssen wie Klima oder Zuchtbedingungen (=normale Modifikationen) auf die Größe der italienischen Gartenameise Lasius emarginatus, welche die deutsche Gartenameise Lasius niger im Süden vertritt. Köpfe von verschiedenen Tieren aus verschiedenen Gegenden und bei verschiedenen Zuchtbedingungen. a) Arbeiterin aus Palermo; Tiere etwas kleiner als die Normalform. b) Arbeiterin von den Galli-Inseln; Normalgröße. c) Arbeiterin vom St. Annaberg, Oberschlesien; klein, entspricht der Kältezucht von g. d) Königin des Nestes CB_4, Capri, Bagni di Tiberio, Schwester der Arbeiter e, Mutter der Tiere f (= Erstarbeitern) und g (= kalt gezüchtete Normalarbeiterin). e) Arbeiterin aus Nest CB_4, Capri, Bagni di Tiberio. Schwester des linken Weibchens d, „Tante'' von f und g. f) Erstarbeiterin der Königin d, Schwester der später geschlüpften, kalt aufgezogenen Normalarbeiter g. g) Normalarbeiter der Königin d, im Kalten gezüchtet, Schwester der Erstarbeiter f, entspricht in Größe dem darüber stehenden Tier aus Schlesien. h) Königin des Nestes CB, Capri, Bagni di Tiberio. Schwester der Arbeiter i, Mutter der Erstarbeiter k und der warm gezüchteten Normalarbeiter l. i) Arbeiter des Nestes CB, Capri, Bagni di Tiberio. Schwester des linken Weibchens h, „Tante'' von k und l. k) Erstarbeiterinnen der Königin h, Schwester der später gezüchteten Normalarbeiterinnen l. l) Normalarbeiterinnen der Königin h, in Wärme aufgezogen; entspricht in Größe

dagegen enthielt keine ausgesprochenen Giganten, und die Ameisen waren hellgelb, mit winzigen Augen, ohne jede Bedornung; beide Nester also derart verschieden, daß sie mindestens als besondere Rassen erschienen. Es erwies sich aber schon als möglich, einen Staat mit ursprünglich hellen, kleinen in einen solchen von vorwiegend großen dunklen zu verwandeln; die guten Bedingungen der Gefangenschaft ließen fast alle jungen Larven zu großen Tieren heranwachsen. Die Umwandlung der einen „Rasse" in die andere war also hier auch im Versuch sichergestellt.

Sogar bei Ameisenstaaten mit einheitlicher Bevölkerung erscheinen solche verschiedenen Rassenbildungen möglich: Die Waldameisen Chiles werden nach dem kahlen trockenen Norden zu kleiner, und die Wüstenameisen vermindern ihre Größe im Süden in dem kühleren Steppen- und Waldgebiet (Abb. 81). Denn jede Form hat ihr besonderes Gebiet, das gerade für *sie* geeignet ist, und leidet Schaden, wenn es wärmer oder kälter, nasser oder trockener wird, als es für sie gerade günstig erscheint. Und dieser Schaden prägt sich dann in geringerer Größe aus.

Auch hierfür liegen schon Zuchtversuche vor. Die deutsche Gartenameise Lasius niger kommt noch bis nach Mittelitalien hinein vor. Die Tiere von Capri, welche auch dort nur an kühleren, feuchteren Stellen am Monte Solaro gefunden wurden, sind aber wesentlich kleiner als die aus Mitteldeutschland. Umgekehrt verhält sich ihre nahe Verwandte, Lasius emarginatus, die sie in wärmeren Gegenden jenseits der Alpen vertritt, aber doch bis nach Deutschland vorkommt (Abb. 82). Bei den mit ihr vorgenommenen Zuchtversuchen unter verschiedenen Bedingungen zeigte es sich nun, daß warm gehaltene und warm aufgewachsene Tiere eine beträchtlichere Größe erlangten als bei kühleren Temperaturen. Damit stimmen auch überein die Naturfunde, wie die Abb. 82 zeigt: Eine Ameise aus einem schlesischen Nest vom

---

den Normaltieren von den Galli-Inseln (b) und Capri (i). m) Weibchen des Nestes Krumpendorf (Kärnten), Haus. Schwester der nebenstehenden Tiere n, o, p. — n, o, p) Normalarbeiterinnen des Nestes Krumpendorf (Kärnten), Haus, aus den Jahren 1932 (n), 1935 (o) und 1936 (p). Die seit 20 Jahren beobachtete Kolonie lieferte stets gleich große Tiere, die stets unter günstigen Bedingungen aufwuchsen (im Winter in geheizten Räumen!). q) Normalarbeiterinnen aus Brixen. r) Normalarbeiterinnen aus Lugano. s) Normalarbeiterinnen aus Torbole.

Annaberg erreichte nur die Maße der Kälteformen im Kunstnest (Abb. 82c und 82g), während die Tiere, welche in Breslau in einer Temperatur von 26 bis 28 Grad gezüchtet wurden, den Formen aus Capri entsprachen (Abb. 82l und 82i). Für die Ameise aus Palermo, wo es ja noch wärmer wird als in Capri, ist die *günstigste* Entwicklungswärme allem Anschein nach schon überschritten; sie sind oft in gleicher Weise kleiner wie unsere deutschen Gartenameisen in Italien.

Natürlich muß man bei solchen Feststellungen auch alle anderen Umstände berücksichtigen. So sind die Kärtner Formen von Lasius emarginatus verhältnismäßig groß (Abb. 82m bis o). Die Tiere dieses Staates, der nun schon 20 Jahre unter Beobachtung steht, entstammen aber auch dem Neste in einem Hause, wo sie in der kühleren Zeit Wärme erhalten. Tatsächlich leben sie im Frühjahr und im Herbst auch stets im Zimmer; daß sie nicht gestört und vernichtet wurden, verdanken sie dem Zufall, daß es gerade das Haus eines Zoologen und Ameisenfreundes ist!

Damit können wir wieder zu unseren körnersammelnden Ameisen Italiens zurückkehren, die, wie wir sahen, je nach den Zuchtbedingungen groß oder klein werden. Dem entsprechen nun auch die Naturfunde :Von Unteritalien (Neapel) an nordwärts vermindert sich die Größe der Nester von Messor structor sowie die Größe der Individuen; am Alpenrand sind die Arbeiter nur $1^1/_2$ bis $1^1/_3$ Millimeter groß gegenüber denen von 3 bis $3^1/_2$ Millimeter im Süden. Hier bleibt allerdings übereinstimmend mit der gleichen Lebensweise (Körnerfutter) auch die Vielgestaltigkeit innerhalb der Staaten erhalten, nur sind dem weniger entsprechenden Klima zufolge die Giganten des Nordens 4 bis 5 Millimeter groß gegenüber denen des Südens mit 9 bis 10 Millimeter. Aber auch die Weibchen sind verschieden; größere Vergleichszahlen fehlen indessen hier noch. Daß es gelang, auch Männchen verschiedener Größe zu züchten, sei ebenfalls betont. Die Unterschiede der Geschlechtstiere sind dann oft schon so bedeutend, daß vielleicht zwischen denen des Nordens und denen des Südens keine Begattung mehr möglich ist — einfach aus Größenunterschieden, so wie dies etwa auch zwischen Wolfshund und Dackel der Fall ist. Und damit ist dann eine Trennung in verschiedene Rassen schon sehr weit gediehen.

Wir haben bei vielen anderen Tiergruppen ähnliche Verhältnisse und werden noch viel mehr finden. Wenn wir erst daran
gehen, für die Systematik neben der Gestaltlehre und der Tier-
geographie mehr als bisher auch die Entwicklungsgeschichte und
die Physiologie heranzuziehen, lassen sich für die Entstehung
mancher geographischer Rassen sicher oft ganz neue Gesichts-
punkte gewinnen.

Hinzu kommt zu dem Erscheinungsbild aber stets noch das
Rassenerbe, die Vorgänge also, welche die *Vererbungswissenschaften*
für die Entstehung der Rassen erarbeitet haben. Sie dürfen wir
auf keinen Fall außer acht lassen. Denn daß es neben solchen auf
Umweltswirkung beruhenden Formen auch echte „Erb"-Rassen
oder „Mendel"-Rassen gibt, zeigt wiederum gerade die schon so
oft angeführte Pheidole-Ameise. Wenn man, wie ich, so viele ganz
rein gezüchtete Familien nebeneinander hat und sie täglich beobachten muß, dann geht es einem wie dem Schäfer oder Bauer; man
kennt sofort seine „Stämme", die in dem vorliegenden Falle
ähnlich wie die Hundestammbäume nach dem Ursprungsorte
benannt wurden.

So wird es mir sicherlich nicht passieren, Angehörige von der
Familie „Windsor" mit denen von der Familie „Tiberio" oder
„Tragara" zu verwechseln, und auch andere, weniger poetisch
nach dem Fundort benannte Stämme sind so genau analysiert, daß
eine Verwechslung mit anderen nicht möglich ist (vgl. Abb. 83).
Verschiedene Größe und verschiedene Färbung, bei „Windsor"
beispielsweise ein schwarzer Fleck auf dem sonst ziemlich hellen
Kopf, sowie besondere Eigentümlichkeiten in ihrem biologischen
Verhalten geben bei Pheidole oft so starke Unterschiede, daß tatsächlich auch schon verschiedene Arten oder wenigstens Unterarten aufgestellt wurden. Farbrassen etwa in der Form, wie wir
sie bei Haustieren finden, sind es aber bestimmt; das zeigt sich
besonders da, wo mehrere Generationen der Untersuchung
zugrunde lagen, wie etwa bei der Familie „Windsor". Deren
„Queen" war mir vom Verlassen des Nestes an genau bekannt,
so daß nicht nur die weniger glücklichen Geschwister, d. h. die
Arbeiter und Soldaten des Ursprungsnestes, sondern auch in
diesem Fall das Männchen, der „Prinzgemahl", als Präparat
zur Verfügung standen! Die Verwandtschaft im Sinne einer Bluts-

verwandtschaft war dann ganz offensichtlich festzustellen, wenn man eine genaue Formuntersuchung durchführte (vgl. Abb. 83 c und d).

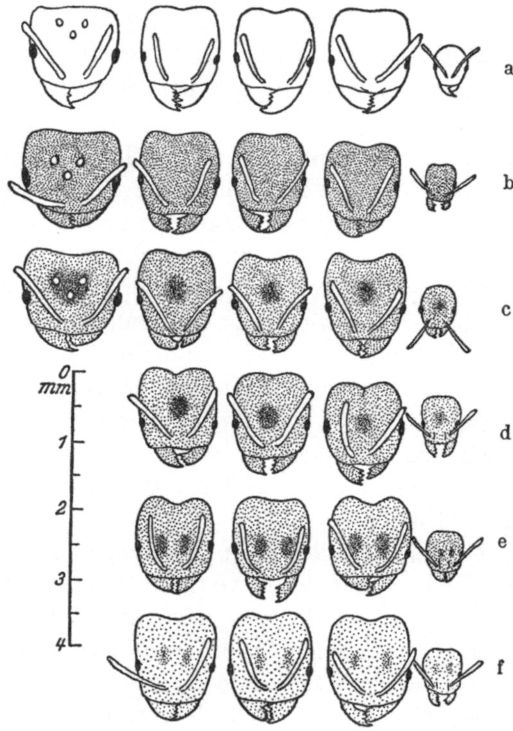

Abb. 83 a—f. Rassenbildung („Mutation") der italienischen Hausameise Pheidole pallidula. Links Weibchen mit Stirnaugen, Mitte 3 Soldaten, rechts 1 Arbeiter. Jede Reihe entspricht einem Nest. a) S. Alessandro, Ischia; Grundfarbe gelb; Kopf ohne Flecken. b) Solaro G 8, Capri; Grundfarbe dunkelbraun; c) Windsor C 15, Capri; Grundfarbe braun, Kopf mit einem Fleck. d) Windsor F 1, Capri; Grundfarbe braun, Kopf mit einem Fleck. (Die Tiere dieses Staates sind die „Geschwister" der Königin des darüberstehenden Staates Windsor C 15; bemerkenswerte Übereinstimmung von Farbe und Zeichnung der beiden Generationen!) e) Tiberio B 25, Capri; Grundfarbe braun; Kopf mit zwei Flecken. f) S. Romualdo P. 44, Rovigno; Grundfarbe hellbraun, zwei Kopfflecke angedeutet. (Die gleichen Färbungen der waagerechten Linien sind erb-bedingte *Mutationen*, die gleichen Formen der senkrechten Reihen durch bestimmte Ernährung zu bestimmten kritischen oder sensiblen Perioden entstanden. Zum Unterschied gegenüber den verhältnismäßig kleinen Normo-Modifikationen der Abb. 82 spricht man bei diesen Modifikationen großen Ausmaßes von Groß- oder Gran-Modifikation.

138

Das durch die Umwelt geformte Erscheinungsbild auf der einen
und die durch das Erbbild bedingten Merkmale auf der anderen
Seite vereinigen sich demnach stets zu einem Gesamteindruck,
wie dies gerade hier bei Pheidole so schön zutage tritt: Die Arbeiter und Soldaten, im Erscheinungsbild ganz verschieden, tragen
doch das Kennzeichen desselben Rassenerbes: ein oder zwei
schwarze Flecke in der Mitte der Stirn, dunklere oder hellere
Gesamtfärbung und anderes mehr, und beide zeigen außerdem,
woher sie diese Kennzeichen bekamen: von den Vorfahren, hier
von der Königin, ihrer gemeinsamen Mutter, die als Erscheinungs-
form wieder ein ganz anderes Bild bietet. So gibt es schon in den
einzelnen Staaten eine große Mannigfaltigkeit der Formen, die
sich dann bei Vergleich mit anderen Staaten noch vermehrt, und
damit wird es verständlich, daß gerade die Ameisen der systematischen Zoologie so viel Schwierigkeit bereiten.

Jahresablauf und Schicksal

Zu den Rasseeigentümlichkeiten müssen wir auch eine
Anzahl innerer Eigenschaften und innerer Vorgänge rechnen, die
oft etwas rätselhaft erscheinen; es ist manchmal noch nicht ganz
geklärt, ob wir es mit fest vererbten Dingen zu tun haben oder
nur mit mehr oder weniger fest gewordenen Umweltsbedingungen.
Dazu gehören beispielsweise die jahreszeitlichen Rhythmen.
Damit sind gemeint die meist als „selbstverständlich" angenommenen Erscheinungen, wie z. B. der Blattabwurf der Bäume im
Herbst und ihr Wiederergrünen im Frühjahr. Man glaubt leicht,
daß es sich hierbei um Vorgänge handelt, die durch die Außen-
umgebung bedingt sind, wie das Kühlerwerden im November
und das Wärmerwerden im März, und tatsächlich ist in dieser
allgemeinen Meinung auch ein Wahrheitskern enthalten. Ähnlich
steht es mit manchen Tieren, die im Winter ein dichteres Haarkleid
anziehen als im Sommer, zu dessen Beginn dann die Winterwolle
ausgeht und abfällt, um dem glatten Sommerkleid zu weichen.

Wie ist aber nun, wenn wir Pflanzen und Tiere mit solchen
Jahresrhythmen auf die südliche Halbkugel bringen, wo die
Jahreszeiten vertauscht sind und wir Weihnachten in glühender
Hitze und das Johannisfest in Kälte feiern?

Da merkt man dann sofort, daß Blattabwurf und Haarwechsel keineswegs so selbstverständlich von der Außenwelt abhängig ist.

Im „Zoo" der chilenischen Hauptstadt Santiago waren neben anderen Tieren auch Kamele von Hagenbeck angekommen; sie hatten die Reise im nördlichen Herbst angetreten und kamen auf der südlichen Halbkugel mit dicker Winterwolle an. Sie behielten dies warme Kleid den ganzen südlichen Sommer über, der im Januar und Februar in Santaigo oft *sehr* heiß ist. Und als dann der Winter der südlichen Erdhälfte begann, der in Santiago sogar Schneefälle bringt, da warfen sie ihre Wolle in dichten Fetzen ab, um dann bei beginnender Wärme im September wieder Wolle anzulegen!

Die Bäume verhielten sich oft ähnlich. Bei ihnen war aber im allgemeinen schon eine gewisse Gewöhnung eingetreten, dadurch begünstigt, daß man in Mittelchile nicht wie bei uns nur *eine* Ruheperiode hat, sondern wie in vielen subtropischen Gegenden zwei; die heißen Trockenzeiten des Sommers wirkten dort meist ähnlich auf die Lebensläufe hemmend wie die kalten Regenmonate. Manche Bäume, die bei uns im März nach der Winterruhe zu blühen begannen, behielten diese Gewohnheit bei; sie bedeckten sich auch in Santiago im März mit Blüten, aber eben hier nach der Sommerruhe der Monate Januar und Februar. Andere dagegen stellten sich nach und nach um und wurden auch auf der südlichen Halbkugel Boten des dortigen Frühlings. Mit dem Ablauf des Jahres fallen demnach bestimmte Lebensvorgänge zusammen. Sie sind zwar etwas abänderungsfähig, aber nur in bestimmten Ausmaßen; dies gilt für pflanzliche wie für tierische Organismen.

Es gilt aber auch für Organismen höherer Ordnung, wie sie die Ameisenstaaten darstellen.

In unseren Breiten beginnt der Ameisenstaat erst im Frühjahr in Erscheinung zu treten. Auf den im Winter oft völlig verfallenden Bauten sehen wir dann erst einzelne und später immer mehr Nestinsassen umherlaufen, die zunächst daran gehen, die Schäden auszubessern und Nahrung für den immer mehr erwachenden Staat zu beschaffen.

Die Königin beginnt zu dieser Zeit wieder mit der Eiablage; die daraus entstehenden Larven, sowie Brut, welche den Winter in einer Art Dornröschenschlaf überdauerte und nun erst wieder weiter wächst, muß also jetzt verpflegt werden, und so haben die Arbeiterinnen genug zu tun, um alle hungrigen Larven zu befriedigen. Die überwinterten Puppen beginnen zu schlüpfen, und damit sind im Nest in kürzester Zeit viele Jungtiere vorhanden, welche durch die heranwachsenden Larven und Eier dann ständig ergänzt werden. Dieses Jungvolk widmet sich sofort mit Eifer der immer zahlreicher werdenden Brut; denn je weiter der Jahreswechsel fortschreitet und je wärmer es wird, desto mehr Eier vermag die Königin zu legen, deren Eierstöcke zur späten Frühjahrszeit oft mächtig anschwellen. Mit dem Auftreten der Jungtiere sind die älteren Ameisen vom Innendienst völlig entlastet; sie betätigen sich fast ausschließlich außerhalb des Nestes mit Heranschleppen von Nahrung und Baumaterial, so daß auch äußerlich der Staat wächst und oft sein Einflußgebiet vergrößert.

Im Nestinnern tritt durch das immerwährende Schlüpfen von Jungtieren nach und nach eine Veränderung der Zahlenverhältnisse ein, die zu Beginn des Frühjahrs herrschten: wenn die Königin zu legen beginnt, gibt es zunächst dort viel Brut und wenig Pfleger, so daß vielleicht auf eine Ameise sechs bis zehn Eier oder Larven kommen. Später verkehrt sich das Verhältnis allmählich ins Gegenteil; man kann bei einzelnen Ameisenarten aus Eiproduktion und Entwicklungszeiten unmittelbar errechnen, daß schließlich auf eine Larve eine große Zahl von jungen Pflegern kommt. Dies ist dann wahrscheinlich der Augenblick, wo einige der bestgepflegten, mit einem Übermaß von Futtersaft der Jungtiere ernährten Larven zu Puppen von echten Vollweibchen heranwachsen, ein Vorgang, der durch die reiche Zufuhr von eingeführten frischen, vitaminreichen Futtermitteln noch gefördert wird. Diese starke Nahrungszufuhr kommt den zu dieser Zeit entstehenden Tieren entweder unmittelbar zugute, dadurch, daß die Larven selbst damit gefüttert werden, oder mittelbar auf dem Umweg über die Königin, welche dadurch zu dieser Zeit allem Anschein nach besonders kräftige Nachkommen zu erzeugen vermag. Die höhere Wärme befördert diese Vorgänge ebenfalls, und beide Faktoren bewirken außerdem, daß sogar manche Arbeiterinnen zur Eiablage schreiten. Aus diesen Eiern der Arbeiterinnen sowie den wahrscheinlich gerade bei stärkster Legetätigkeit oft nicht befruchteten Eiern der Königin entstehen dann die Männchen, und so kommt es, bei den einzelnen Arten, je nach der Entwicklungszeit verschieden, bald früher, bald später im Sommer zum Hochzeitsflug.

Damit ist der Höhepunkt des Jahresablaufs eines Ameisenstaates überschritten; wenn die Monate wieder kühler werden, läßt die Eiablage der Königin nach; die überwinterten Arbeiter sind während des Sommers meist dahingestorben, und auch viele der im Frühjahr geschlüpften Jungen haben ein natürliches Ende gefunden oder sind einer Katastrophe zum Opfer gefallen. Es wird wieder stiller im Ameisenstaat, der sich jetzt für den Winter rüstet. Beim Eintritt wirklicher Kälte zieht sich alles in die Tiefe der Erde zurück, wo für die erwachsenen Ameisen eine Art Winterschlaf, für die Brut ein völliger Stillstand der Entwicklung beginnt, bis dann im Frühjahr das staatliche Leben von neuem erwacht.

Dies ist in großen Zügen der Jahresablauf, der sich im einzelnen vielfältig ändern kann. Bei gewissen Arten mit langsamer Entwicklung kommt es erst im Spätherbst zum Höhepunkt des staatlichen Lebens und damit zum Hochzeitsflug, bei manchen Formen wieder überwintern sogar die Larven oder Puppen der Geschlechtstiere, um dann im zeitigen Frühjahr ihre Entwicklung zu vollenden, und auch innerhalb der Arten selbst kommt es, je nach dem Klima, zu einer Verschiebung der „hohen Zeit" mehr nach Jahresbeginn oder nach Jahresende, da die Temperatur in weitem Maße die Entwicklung bedingt.

In wärmeren Gegenden bis zu den Subtropen haben wir einen etwas veränderten Jahresablauf bei den Ameisenstaaten: Dort wirkt die Kühle oder der Regen zur Winterszeit ebenso entwicklungshemmend wie die Hitze und die Dürre des Sommers. So kommt es beispielsweise bei Steppenameisen der nördlichen wie südlichen Halbkugel im staatlichen Leben zu zweimaligen Höhepunkten und zweimaligen Ruhepausen, die dann meist auch nicht so ausgeprägt erscheinen wie bei uns. Die Körnersammler der verschiedensten Arten leben dann, wenn äußerlich das staatliche Leben zu ruhen scheint, von den im Frühjahr oder Herbst eingetragenen Vorräten, ohne in Schlaf zu verfallen, und ähnlich ist's mit den Formen, die „Honigtöpfe" und andere Vorsichtsmaßnahmen herausgebildet haben (vgl. Abb. 29 bis 31). Die Arbeiter werden in diesem Falle fast nie älter als 10 bis 12 Monate, während sie bei unseren Ameisen mit langen, tiefen Ruhepausen weit länger als ein Jahr zu leben vermögen. Wir haben bei den Körnersammlern infolge des jährlich zweimal erfolgenden Anstiegs und Abfalls stets auch zwei verschieden alte Gruppen von Arbeitern: die Tiere, welche im Frühjahr schlüpfen, sind zu dieser Zeit Brutpfleger und arbeiten im Herbst im Außendienst, bei den im Herbst entstehenden ist es gerade umgekehrt. Bei derartigen Ameisenformen haben wir dann auch einen zweimaligen Hochzeitsflug; oft allerdings mit Bevorzugung von Herbst oder Frühjahr. Daraus kann sich dann, wenn die Tiere zu weit in kältere Regionen vordringen, eine Annäherung an die in unseren Breiten herrschenden Verhältnisse anbahnen, wie wir dies beispielsweise bei Messor-Ameisen in Norditalien und Solenopsis-Arten in Südchile finden, beides Formen, deren Hauptverbreitungsgebiet in wärmeren Landstrichen liegt.

Interessant ist nun, daß solche Jahresrhythmen der Ameisenstaaten so fest liegen, daß sie auch im Versuch nicht umgestoßen werden können, obgleich es möglich ist, durch unnatürliche Kälte oder Wärme gewisse Verschiebungen zu erzielen. Wir können beispielsweise bei unserer Gartenameise Lasius niger durch erhöhte Temperatur die Entwicklung so beschleunigen, daß sie der ihrer südlichen Vertreterin, Lasius emarginatus, entspricht, und ähnliches ergaben Versuche mit nördlichen und südlichen Holzameisen. Eine solche künstliche Veränderung bekommt aber den Tieren keineswegs auf die Dauer; und eine wirkliche Veränderung des Lebensrhythmus können wir ebensowenig erreichen. Auch die ab Herbst warm gehaltenen Nester unserer einheimischen Ameisen verfallen im Winter in Ruhe, und Geschlechtstiere entstehen in den Laboratoriumskulturen auch bei gleichbleibender Temperatur während des ganzen Jahres ungefähr zu derselben Zeit, in der wir sie auch im Freien finden.

Der Rhythmus des Jahres liegt demnach auch bei dem staatlichen Organismus eines Ameisennestes fest, und künstliche Veränderungen sind nur in ganz engen Grenzen erreichbar. Diese artmäßig innerhalb gewisser Grenzen festliegende Entwicklungsnorm ist dann auch die Ursache, daß nicht jede Ameisenart dauernd in jedem Klima zu leben vermag, genau so wenig wie jede menschliche Rasse an jedem Punkt der Erde.

Von dem durch den Jahresablauf bedingten Zustand der Ameisenstaaten kommen wir so unmerklich zu dem Schicksal von Arten und Rassen. Zu ähnlichen Problemen kommen wir aber auch, wenn wir das Schicksal von Einzeltieren betrachten, das ebenfalls durch bestimmte Jahreszeiten ganz verschieden gestaltet werden kann. Wir meinen damit nicht nur das *zufällige* Schicksal, welches durch eine kürzere oder längere Lebensdauer diesen oder jenen Inhalt bekommt, sondern vielmehr das *unabwendbare* Schicksal, das im Körperbau gegeben ist — oder, wie der Dichter sagt, in der „eigenen Brust" liegt.

Wir hatten ja schon wiederholt darauf hingewiesen, daß aus einem Ei Vertreter der verschiedensten Stände entstehen können: Wird das Ei beim Austritt aus dem mütterlichen Körper nicht besamt, so entwickelt es sich unfehlbar zu einem kurzlebigen Männchen. Nur ein großes und kräftiges Männchen hat aber Aussicht, seine Bestimmung zu erreichen; und ob es groß wird oder klein bleibt, ist im hohen Maße von der Ernährung und damit letzten Endes von der Jahreszeit abhängig. Wird das Ei besamt, so entwickelt sich daraus, wie wir sahen, ein Weibchen. *Was* für eine Art von Weibchen schließlich daraus wird, ist im höchsten Maße von der Zeit abhängig, in welcher die Eiablage erfolgte. Nur aus Eiern, deren Larven zu der Jahreszeit mit den günstigsten Außenbedingungen ausschlüpften, werden Vollweibchen und damit vielleicht künftige Königinnen eines neuen Staates. Alle übrigen Eier können unfehlbar nur die große Masse des Volkes, die Arbeiterinnen, liefern.

Aber auch da kann es ja noch einmal einen Scheideweg geben. Bei den Formen, die Soldaten besitzen, muß die Larve während einer kurzen bestimmten Periode besondere Nahrung und besondere Vitamine erhalten, um ein Soldat zu werden. Dies ist wiederum nur zu besonderen Zeiten des Jahres möglich. Fällt die Entwicklung nicht in die Monate, in welchen eine solche Ernährung möglich ist, und wird der günstige Augenblick versäumt, dann ist es aus mit dem Soldatenwerden, und die Larve kann nur zu einem Arbeiter heranwachsen.

Nur zu einem Arbeiter? Ist eine solche Ausdrucksweise denn richtig? Und besteht in dem, was wir soeben einen *günstigen* Augenblick nannten, nicht vielleicht eine *Gefahr* für die weitere

Entwicklung? Für die Einzelwesen sowohl wie für den Staat? Solche Gedanken drängen sich stets auf, wenn wir uns manche der ganz „ausgefallenen" Soldatentypen betrachten, die bei vielen Ameisenarten auftreten (Abb. 84d—f). Ihr Anblick wirkt manchmal ganz phantastisch. Die Mundwerkzeuge, die schon bei den Pheidole- und Messor-Ameisen gewaltig werden können, sind bei Soldaten anderer Arten oft noch viel größer: sie wachsen sogar

manchmal gleichsam ins Uferlose, so daß sie an natürlicher Stelle gar nicht mehr Platz finden. Sie werden dadurch zu normalem Gebrauch meist unfähig, und solche Soldaten können oft nicht einmal mehr selbständig fressen; wenn sie nicht gefüttert würden, müßten sie sterben. Dies ist sicher kein erstrebenswertes Schicksal für das Einzelwesen, zumal es dadurch auch für den Staat unbrauchbar werden kann. Die Kiefer der Extremformen vermögen nämlich nicht einmal mehr zu *beißen* und dadurch zu wirklicher Verteidigung zu dienen. Nur wenn die Ameisenvölker reiche Staaten sind, können sie es sich leisten,

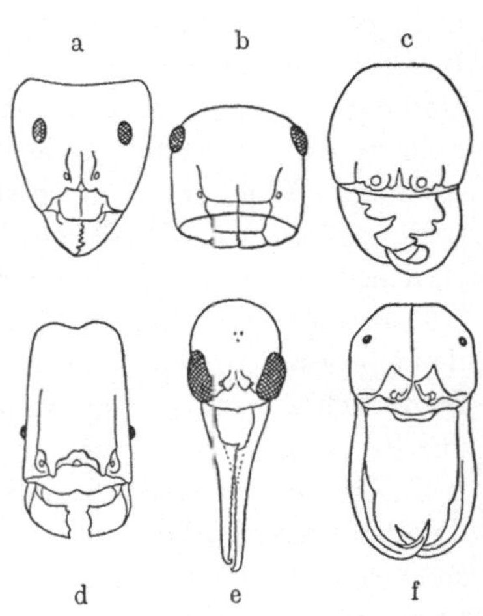

Abb. 84a—f. Köpfe verschiedener Ameisensoldaten. a) Camponotus cognotus, b) Colobopsis impressa, c) Cheliomyrmex nortoni, d) Pheidole lamira, e) Harpegnathus cruentatus, f) Eciton hamatum.

solche für die Allgemeinheit fast unnützen Nestgenossen mit zu ernähren; sie füttern sie mit auf und leiden dadurch ja auch keinen Schaden, da sich die Soldaten nicht vermehren und damit Rasse und Art nicht verschlechtern. Tritt aber Mangel im Staat ein, dann sterben, wie alle Beobachtungen immer wieder zeigten, stets zuerst die Soldaten, in natürlichen Pheidole-Nestern beispielsweise im Winter. Sie gehen zugrunde infolge ihrer Überorganisation, die sie in der selbständigen Ernährung behindert.

Damit sind wir wieder beim Schicksal der Arten und Rassen angelangt. Denn solches Sterben gerade der Extrembildungen kennen wir auch bei anderen Organismen; in der Erdgeschichte führte es ja bekanntlich zu völligem *Aussterben* gewisser Formen. Ich erinnere an die Riesenhirsche, die ein so gewaltiges Geweih zu schleppen hatten, und an die Mammute mit ihren gewaltigen Zähnen, und zwar deshalb, weil wir bei ihnen Extrembildungen vor uns hatten, deren Vergleich mit den Riesenköpfen mancher Ameisensoldaten sich förmlich aufdrängt.

Man darf hier nicht falsch verstehen: nicht *jedes* Geweih und nicht *jeder* Stoßzahn ist für den Hirsch und den Elefanten eine Belastung; im Gegenteil, sie sind meist eine sehr nützliche Waffe. Und ebenso steht es auch mit den starken Kiefern der Ameisen-Soldaten, die unbedingt für den Staat eine wichtige Bereicherung darstellen. Wohl aber können sich die *Übertreibungen* solcher Bewaffnung hier wie überall schädlich auswirken, Übertreibungen, zu denen solche Extrembildungen leicht neigen.

Daß solche Sinnlosigkeiten unpraktisch sind und ihre Träger deshalb besser Angepaßtem unterlegen waren, ist bekannt; man fragte sich nur immer wieder, wie es zu solchen Sinnlosigkeiten überhaupt kommen konnte.

Dafür liefert nun vielleicht die jetzt bekannte Entstehung der Pheidole-Soldaten einen Hinweis. Wir sahen sie nur dann entstehen, wenn zu einer bestimmten, ganz kurzen Zeit eine besonders günstige Lage geschaffen war, eine Lage, die wir nach dem, was wir jetzt wissen, manchmal besser als ein *Gefahrenmoment* bezeichnen können.

Vielleicht gab es nun solche Gefahrenmomente auch bei den ausgestorbenen Tieren, und vielleicht wurde dies Gefahrenmoment gerade erst dann wirksam, als eine Klimaverschiebung und damit eine Entwicklungsbeschleunigung oder Entwicklungshemmung eintrat, die den normalen Ablauf des Entwicklungsgeschehens in dieser oder jener Richtung verschob.

Daß eine Beschleunigung durch Temperaturerhöhung möglich ist, zeigten die Versuche mit den Lasius-Ameisen; und daß gerade infolge solcher Umstände Faktoren ausschlaggebend werden konnten, die eine bestimmte Formbildung in dieser oder jener Richtung zu unentrinnbarer Auswirkung brachten, hat die künstliche Zucht von Soldaten im Messor- und Pheidole-Staat eindeutig gezeigt.

Von der einfachen Feststellung, „im Ameis'-Haufen wimmelt es", sind wir so nach und nach bei ganz allgemeinen Problemen gelandet, bei Fragen nach der tierischen Formbildung, die zu den Grundproblemen der Biologie gehören. Daß unsere Betrachtung uns dorthin führte, mag vielleicht wundernehmen; aber es ist eigentlich stets so. Die Natur ist immer ein Ganzes; wenn wir irgendwo den Hebel ansetzen und nur genügend stark nachstoßen, werden wir immer in Grundproblemen enden.

Wir werden aber auch stets zu uns selbst, zu uns Menschen Beziehungen finden; denn wir sind selbst mehr, als wir es im allgemeinen wissen und uns zugeben, in die Natur mit eingeschlossen. Daher kann es auch nicht überraschen, wenn wir gerade bei der Betrachtung der Ameisennester immer wieder Beziehungen zu uns selbst und unseren Staaten feststellen müssen: Denn bei den Ameisen wurde die Lösung gefunden für ein Problem, mit dem wir Menschen noch ringen.

Die Wirbeltiere, mit ihren Klassen der Fische, Lurche und Kriechtiere, Vögel und Säuger, haben es in der Welt sicherlich am weitesten gebracht. Sie gewannen in mancherlei Weise den Vorrang vor den übrigen Tierstämmen, deren Einzelwesen sie durch Größe, Gewicht und Lebensdauer übertrafen. Hinzu kam noch der äußerst sinnreiche Aufbau des Körpers sowie seine sparsame Bewirtschaftung, die höchste Leistungsfähigkeit schaffte. Alles dies gewährleistet ihnen einen großen Erfolg im Kampf ums Dasein gegenüber den übrigen Tiergruppen; sie konnten ihnen immer mehr Boden abringen, so daß jetzt, von geringen Ausnahmen abgesehen, alle Lebensräume von den Wirbeltieren beherrscht werden und ihnen im allgemeinen kein ernsthafter Konkurrent gegenübersteht.

Mit einer Ausnahme: den staatenbildenden Insekten. Diesen ist es geglückt, die Kleinheit, welche sie den Wirbeltieren unterlegen erscheinen läßt, wettzumachen durch den engen Zusammenschluß der kleinen Einzelwesen und ihrer Ausrichtung auf eine Gemeinsamkeit, und so kommt es, daß sich auch jetzt noch die Wirbeltiere bis zum Menschen hinauf mit den Staaten der Ameisen und Termiten herumzuschlagen haben.

Wenn aber nun auch ein Wirbeltier, ausgerüstet mit all seiner Überlegenheit, das begann, was den Insekten glückte, nämlich mit gewisser Unterordnung der Individualität einen Zusammenschluß Gleichgearteter zu erreichen, dann mußte, schon rein biologisch betrachtet, ein solches Wesen nicht nur über die

Insektenstaaten, sondern über die anderen Wirbeltiere zu herrschen beginnen.

Dies ist ja nun geschehen. Der Mensch, schon als Einzelwesen körperlich überlegen, *tat* diesen Schritt und wurde so zum Herrscher über *alle* Lebewesen. Allerdings ist beim Menschen die Individualität weit stärker ausgeprägt als bei den Insekten, und deshalb geht der Zusammenschluß nicht ohne Reibungen. Die Staaten der Menschen stehen auch, so wie die der Ameisen, noch in weitem Maße sich feindlich gegenüber. Hoffen wir, daß der menschliche Verstand, der ja die psychischen Fähigkeiten der Ameisen weit übertrifft, nach und nach immer mehr erkennt und begreift, wie viel nützlicher die Freundschaft als die Feindschaft ist, und die Menschheit sich auch in *diesem* Sinne über die Ameisen erhebt!

Anhang
I. Termiten oder „weiße Ameisen"

Unter Termiten stellt sich auch der gebildete Laie oft eine Art besonders großer Ameisen vor. Diese Ansicht ist irrig. Termiten sind *keine* Ameisen im zoologischen Sinne und stehen in der Systematik den

Abb. 85 a u. b. a) Soldat; b) ausgewachsene Larve (Pseudo-Arbeiter) der Mittelmeer-Termite Kalotermes flavicollis. Die ausgewachsenen Larven haben bei Kalotermes die Funktion der Arbeiter; sie vermögen sich, nach Durchlaufen von zwei Nymphen-Stadien, zu geflügelten Männchen und Weibchen umzuwandeln, den künftigen Königen und Königinnen des Termiten-Staates. Die Soldaten, die ebenso wie die Pseudo-Arbeiter männlichen und weiblichen Geschlechtes sein können, haben ihre Formentwicklung abgeschlossen, d. h. sie bekommen nie Flügel.

Ameisen so ferne wie etwa ein Elefant einem Kamel. Unterschiede finden sich zunächt in der Körpergestalt: Den Termiten fehlt die „Taille" zwischen Brustabschnitt (Thorax) und Hinterleib, die wir bei den Ameisen sehen (Abb. 1, 4a u. 9). Aus einem Ei einer Termite schlüpft nicht eine fußlose Made wie bei den Ameisen (Abb. 5a), sondern eine Larve, die sofort 6 Beine hat wie ein erwachsenes Tier. Auch im staatlichen Leben gibt es einen gewaltigen Unterschied: das Ameisen-Nest ist die meiste Zeit des Jahres ein „Amazonenstaat", in dem die Männchen so, wie die Drohnen im Bienenstock, nur vorübergehend vorkommen und nur die Aufgabe haben, eine junge Königin zu befruchten. Bei den Termiten sind dagegen stets Weibchen und Männchen zu gleichen Teilen im Staate zu finden: Zur „Königin" gehört auch ein „König" und die Arbeiter sowie die Soldaten, die es auch bei den Termiten gibt, können weiblichen oder männlichen Geschlechts sein. Nur weil rein äußerlich die Staatswesen dieser beiden Insektenarten sich ähneln, hat man die Termiten auch zunächst für „Ameisen" gehalten und sie in fast allen Kultursprachen als „weiße Ameisen" den echten Ameisen an die Seite gestellt.

II. Schriftenverzeichnis

Der Zettelnachweis unserer Bibliothek umfaßt bis jetzt etwa 3300 Nummern über Ameisen! Es können deshalb hier nur wichtige Nachschlagewerke, sowie einige neuere Arbeiten angeführt werden, insbesondere solche, denen Zitate oder Abbildungen entnommen sind. Die meisten besitzen ausführliche Schriftenverzeichnisse.

I. Handbücher (nach der Zeit ihres Erscheinens):

1. *Escherich*, Die Ameise. II. Auflage 1917.
2. *Brun, R.*, Psychologische Forschungen an Ameisen. Handbuch der biologischen Arbeitsmethoden Abt. IV, 1922.
3. *Wheeler, M. M.*, Ants. New York 1926.
4. *Donisthorpe, H. St. I. K.*, British Ants. London 1927.
5. *Stitz, H.*, Ameisen oder Formiciden. Tierwelt Deutschlands 37, 1939.
6. *Goetsch, W.*, Vergleichende Biologie der Insektenstaaten. I. Auflage Leipzig 1940, (II. Auflage in Vorbereitung, mit ausführlicher Literaturübersicht bis 1953.

II. Neuere Arbeiten:

Borgmeier, Th., Estudios sobre Atta. Inst. Oswaldo Cruz 48, 1951.
Eidmann, H., Zur Kenntnis der Roßameise Camponotus herculaneus L. Z. angew. Entomol. 14, 229—253 (1928).
Eidmann, H., Zur Kenntnis der Blattschneiderameise Atta sexdens L. Z. angew. Entomol. 22, 185—240 u. 385—436 (1935).
Emery, C., Fauna Entomologica Italiana. I. Hymenoptera Formicidae. Boll. Soc. Entomol. Ital. Ann. 47, 80 (1914).
Frisch, K. v., Aus dem Leben der Bienen. II. Auflage. Berlin: Julius Springer 1931.
Frisch, K. v., Du und das Leben. Berlin: Verlag Ullstein 1937.
Gößwald, K., Die rote Waldameise im Dienste der Volksgesundheit. Lüneburg 1951.

Goetsch, W., Untersuchungen über die Zusammenarbeit im Ameisenstaat. Z. Morph. u. Ökol. Tiere 28, 219—401 (1934).

Goetsch, W., Biologie und Verbreitung chilenischer Wüsten-Steppen- und Waldameisen. Fauna chilensis II, 2. Zoolog. Jahrb., Abt. System 67, 236 —318 (1935).

Goetsch, W., Formicidae Mediterraneae. Pubbl. Staz. zool. Napoli I., 15, 392—422 (1936); II. 16, 273—315 (1937).

Goetsch, W., Beiträge zur Biologie des Termitenstaates. Z. Morph. u. Ökol. Tiere 31, 490—560 (1936).

Goetsch, W., Ameisenstaaten. Breslau: Verlag F. Hirt 1937.

Goetsch, W., Der Einfluß von Vitamin T auf Gestalt und Gewohnheiten von Insekten. Österr. Zool. Zeitschr., I., 193—247 (1947).

Goetsch, W., Ergebnisse und Probleme aus dem Gebiet neuer Wirkstoffe. Österr. Zool. Zeitschr. III., 140—174 (1951).

Huber, J., Über die Koloniegründung v. Atta sexdens. Biol. Zbl. 25 (1905).

Kutter, H., Über eine extrem parasitäre Ameise. Mitt. Schweiz. Entomol. Ges. 21 (1948).

Stäger, R., Blütennektar und Lausexkremente als Nahrungsmittel für Ameisen. Bern 1941.

Stammer, H. J., Eine Riesenkolonie der roten Waldameise. Z. angew. Entomol. 24, 285—290 (1937).

Steiner, A., Über den sozialen Wärmehaushalt der Waldameise. Z. vergl. Physiol. 2 (1924).

Stumper, R., Les associations complexes de Fourmis (Commensalisme, Symbiose, Parasitisme) Bull. Biol. France et Belg.

Wasmann, E., Die psychischen Fähigkeiten der Ameisen. 2. Aufl. 1909.

Weber, N. A., Observ. on Baghdad Ants. Baghdad 1952.

Wing, M., A proposed Bibliography and Catalogue of World Formicidae. Rev. Entomol. **18**, 3 (1947).

Zacher, Fr., Die Vorrats-, Speicher- und Materialschädlinge und ihre Bekämpfung. Berlin 1927.

III. Bekämpfungsmittel

So reizvoll es ist, die Emsen in ihrer Tätigkeit zu beobachten, und so genußreich es sein mag, die Wunderwelt ihrer Staaten zu erforschen — da, wo ihr Ausbreitungsdrang mit dem der Menschen in Widerstreit kommt, wird es stets nötig sein, sie zu *bekämpfen*. So ist, wie schon erwähnt, ein heftiger Krieg gegen die Blattschneiderameisen der Tropen im Gang, und auch in unseren Breiten gilt es oft, uns der Ameisen zu erwehren. Besonders müssen wir unbedingt der Verbreitung der argentinischen Ameise (Iridomyrmex humilis) Einhalt tun, wenn sie in die Wohnungen eindringt, und ebenso die kleine Pharaoameise (Monomorium pharaonis) abtöten, die ebenfalls unsere Häuser überfällt und besonders in Krankenanstalten lästig werden kann. Auch in den Gärten wird es vielfach nötig sein, die Lasius-Ameisen zu bekämpfen, zumal da sie besonders im Frühjahr sogar unseren Vorräten in Haus und Keller gefährlich werden können.

Aus diesem Grunde seien hier einige Bekämpfungsarten angeführt.

Eine wirksame Ameisenbekämpfung ist allerdings nicht ganz einfach. Schon das einzelne Tier erweist sich oft als sehr widerstandsfähig; ein

24 Stunden dauernder Aufenthalt unter Wasser wird von vielen Formen ausgehalten, wie Erfahrungen lehrten, und Alkohol sowie Petroleum schädigen meist die Tiere nur vorübergehend, wenn sie nicht länger als einige Stunden darin untergetaucht waren. Noch schwieriger ist es, ganze Nester auszurotten. So sind bespielsweise die oft angeführten Mittel, wie Naphthalin und Kampfer sowie frisches Insektenpulver, Notbehelfe, die nur zur Verringerung der Zahl, nicht zur Vernichtung des ganzen Staates führen. Auch kann man einen mit einer dicken Zuckerlösung oder Sirup getränkten Schwamm auslegen: die Ameisen gehen hinein, um sich vollzusaugen, und man kann dann den Schwamm in heißes Wasser werfen.

Energischer wirken ausgelegte Köder verschiedenster Art, die indessen stets da, wo es sich um Gifte (Arsen usw.) handelt, nur mit größter Vorsicht angewandt werden dürfen. Bevorzugt sind besonders solche Mischungen, die eine schleichende Wirkung ausüben, so daß die Tiere, die davon gefressen haben, auch noch aus dem Kropfinhalt die Nestgenossen und die Brut füttern.

Mischungen, die sich bewährt haben, sind (nach *Zacher*) folgende:

$$
\left.\begin{array}{l}
0{,}125\text{—}0{,}250 \text{ g Arsentrioxyd} \\
\text{oder} \qquad 3{,}0 \text{ g Chloralhydrat} \\
\text{oder} \quad 0{,}525 \text{ g Brechweinstein} \\
\text{oder} \qquad 1{,}0 \text{ g Bleiarsenat}
\end{array}\right\} \quad
\begin{array}{l}
\text{auf } 120 \text{ g Sirup, Kunsthonig} \\
\text{oder dickes Zuckerwasser.}
\end{array}
$$

Ein anderes Rezept, mit dem in Amerika gegen die argentinische Ameise Erfolge erzielt wurden, sei ebenfalls erwähnt:

$$
\begin{array}{ll}
\text{Zucker} & 1 \text{ kg} \\
\text{Wasser} & 500 \text{ g} \\
\text{Weinsteinsäure} & 1 \text{ g} \\
\text{Natriumbenzoat} & 1 \text{ g}
\end{array}
$$

langsam 30 Minuten kochen, dann abkühlen lassen;

$$
\text{Arsennatrium} \qquad 3 \text{ g}
$$

in etwas heißem Wasser auflösen, abkühlen. Giftlösung dem Sirup unter gutem Umrühren beifügen, dazu $1\frac{1}{2}$ Pfund Honig, alles gut durchmischen.

Günstige Wirkung wird auch oft erzielt mit dem auf ähnlicher Grundlage beruhenden „Allizol" der Deutschen Gesellschaft für Schädlingsbekämpfung. Ferner hat sich bei Versuchen ein Mittel der Chem. Fabrik Schering wirksam gezeigt. Gerade die schwer zu bekämpfende argentinische Ameise nahm es sehr gut auf.

Das Auslegen der flüssigen Giftköder geschieht in der Weise, daß man Torfmull oder einen Schwamm mit der entsprechenden Flüssigkeit mäßig feucht macht und ihn dann in eine Blechbüchse (Zigarettenschachtel usw.) bringt, in deren Deckel man kleine, für den Durchgang der Ameisen geeignete Löcher bohrt. Auf diese Weise erreicht man zweierlei: Man verhindert ein zu schnelles Verdunsten der Köderflüssigkeit und verhindert außerdem, daß andere Tiere an die giftige Masse gelangen. Im freien gräbt man diese Köderbehälter in der Nähe der Nester oder begangener Ameisenstraßen bis zum Rand ein, im Haus stellt man sie möglichst nahe den Nesteingängen oder Straßen auf und bringt die Zugangslöcher vorteilhaft unten oder an den Seiten an.

Da, wo Holzameisen sich in den Balken der Häuser angesiedelt haben, ist die Bekämpfung am schwierigsten. In solchen Fällen bleibt nur eine Vergasung mit bestimmten Giften übrig, die indessen lediglich ein Fachmann anwenden darf. Mit solchen Gasen sowie Sprengstoffen geht man auch in den Tropen gegen manche schädlichen Ameisen vor, wie bespielsweise gegen die Blattschneider in Südamerika, ohne indessen bei deren ausgezeichneter staatlicher Organisation eine restlose Vertilgung zu erreichen.

In neuester Zeit wendet man auch mit Erfolg die sogenannten „Kontakt-Gifte" an (DDT, Hexa-Mittel u. a.). Die Ameisen, die mit diesen Giften in Berührung kommen, werden in fortschreitendem Maße gelähmt und sterben eines langsamen Todes. Dies hat zur Folge, daß sie das Kontakt-Gift an Nestgenossen weitergeben können. Da die vergifteten Tiere durch die fortschreitenden Lähmungen sich nicht normal bewegen und dadurch dem gewohnten „Schema" nicht entsprechen, werden sie von den Nestgenossen als Fremde angesehen und angegriffen. Solange sie sich noch verteidigen können, tun sie es mit Energie, und so lösen Kontakt-Gifte im Ameisen-Staat durch eine Art „biologischer Ketten-Reaktion" oft förmliche „Bürgerkriege" aus, bei denen sehr viele Nestinsassen umkommen.

Bei größeren Staaten versagen auch diese Mittel; d. h. sie vermögen wohl die Ameisen zu dezimieren, aber nicht die Gesamt-Staaten zu vernichten. Dies gilt besonders für die riesigen Nester der so schädlichen Blattschneider-Ameisen Südamerikas. Hier können vermutlich nur *biologische* Bekämpfungsmethoden etwas ausrichten, solche nämlich, welche die Mistbeete und Zuchtpilze dieser Staaten vernichten. Laboratoriums-Versuche in Breslau, Graz und Barcelona haben bereits günstige Ergebnisse gehabt: Ein aus isolierten Sporen gezüchteter *Bekämpfungspilz,* der auf den Nutzpilzen der Ameisen wuchert und sie vernichtet, entzieht den Blattschneidern die Nahrung, so daß sie nach und nach eingehen. Großversuche, die nur in Südamerika selbst gemacht werden können, müssen noch zeigen, wie man diese Vernichtungspilze am besten anwendet.